AF463641

DES

DIVERS PROJETS

de traversée des Alpes en chemin de fer.

EXPOSÉ D'UN TRACÉ

PAR LE

GRAND ST-BERNARD

PAR

MM. DORSAZ ET CAPTIER,

faisant suite à leur publication de 1862.

PROPRIÉTÉ DES AUTEURS.

NICE,
IMPRIMERIE CAISSON ET MIGNON,
place St-Dominique, 1.

1866.

14127

DES DIVERS PROJETS
DE TRAVERSÉE DES ALPES EN CHEMIN DE FER.

EXPOSÉ D'UN TRACÉ
PAR LE GRAND ST-BERNARD.

CHAPITRE I.

Hisorique préliminaire.

La Suisse fut le premier pays qui émit la question de la traversée des Alpes par un chemin de fer.

Dès 1830, à la suite des expériences de traction par la vapeur faites en Angleterre, la Confédération songeant à créer sur son territoire des voies ferrées qui en reliassent les diverses parties entre elles et avec les pays voisins, cette question se trouva naturellement soulevée. Mais elle retomba promptement: de graves événements politiques vinrent forcer le gouvernement à porter sa sollicitude sur d'autres sujets.

Plus tard, en 1844, à l'occasion du chemin de fer destiné à relier le port de Gênes au réseau intérieur piémontais, le besoin d'ouvrir un passage à travers la chaîne des Alpes se manifesta en Italie. La même année commencèrent les premières études entreprises par le gouvernement sarde pour le prolongement de la ligne de Gênes à Turin, par le Mont-Cenis, entre Suze et Chambéry.

Mais dès l'origine et motivées spécialement sur l'importance du mouvement commercial intérieur de l'Italie, sur ses relations avec les autres contrées de l'Europe, l'oppurtunité, l'urgence même des voies ferrées internationales joignant ce pays à ses voisins, soit directement, soit par la Suisse, furent établies, proclamées et universellement reconnues. Cette nécessité est devenue un fait acquis, en dehors maintenant de toute discussion. Aussi, avec le temps, et peu à peu, la question dont l'importance se manifestait de plus en plus, faisait des progrès dans l'opinion générale.

Appuyé de cet acquiescement de tous les esprits, le gouvernement fédéral Suisse, revenant à ses desseins antérieurs, fit élaborer, en 1851, de nouveaux projets pour quatre voies ferrées à établir sur son territoire.

Par la situation intermédiaire où se trouve placée géographiquement la Suisse, les chemins de fer de ce pays peuvent spécialement se diviser en trois groupes. Les premiers, ayant pour objet les relations purement intérieures et locales; les seconds, la liaison du territoire de la Confédération avec les contrées limitrophes, mais au point de vue spécial des intérêts helvétiques; les derniers enfin, destinés particulièrement à servir les transactions étrangères avec l'Italie dont, pour les Etats du centre ouest de l'Europe, la Suisse est, pour ainsi dire, l'antichambre.

De ces trois groupes, le premier serait de peu d'importance. Il n'est pas besoin de connaître bien à fond l'état des choses en Suisse, pour savoir que le trafic et les transports locaux y forment généralement un mouvement très-restreint. Au besoin, la situation précaire de la plus part des lignes suisses suffirait pour l'attester.

Les deux autres groupes qui sont l'expression d'une même pensée, mais à des points de vue particuliers, ont une importance plus grande et qui, tout d'abord, ayant été comprise, a pris la première place dans la question. Aussi, sur les quatre projets demandés par le gouvernement fédéral et qui lui furent présentés, les trois plus considérables, ceux du Central, du Nord-Est et du Sud-Est, étaient-ils destinés à unir le territoire Suisse avec les pays voisins.

Cette liaison était facile avec l'Allemagne et la France ; rien ne s'y opposait, la nature du sol s'y prêtait et elle s'effectua, peu après, par Bâle et par Genève. Mais il n'en était pas ainsi du côté de l'Italie. La chaîne des Alpes offrait un obstacle naturel qui nécessitait, pour être franchi, de longues études et de grandes dépenses.

C'est pour arriver à bien connaître cet obstacle, que, durant la même année 1851, une commission composée de trois ingénieurs, MM. Negretti, Koller et Hachner, fut chargée par le Piémont, la Suisse et la Prusse, d'explorer les Alpes, afin d'en reconnaître et d'en signaler les divers passages.

Le mémoire qui fut publié par cette commission a servi, en Suisse surtout, de base à la plupart des travaux qui ont été faits sur le même sujet. Notons, en passant, que dans ce mémoire il n'est pas fait mention du Grand-Saint-Bernard, parce que, disent les auteurs *pour tout motif,* la saison était trop avancée pour qu'il fût possible de l'explorer.

Depuis ce temps, de nombreux projets de consistance diverse ont été présentés, et beaucoup d'idées de diverse valeur ont été mises en avant.

A l'origine, les projets ou les idées qui se firent jour eurent en vue le Grand-St-Bernard, le Simplon et le Grimsel. Nos premières études à ce sujet datent du mois d'août 1859, à la suite de travaux de chemins de fer que nous faisions exécuter en pays de montagne et d'un examen que nous venions de faire dans les vallées d'Entremont et d'Aoste. Mais nous pensions alors qu'on ne devait pas admettre d'inclinaisons supérieures à 0,015m/m; c'est là surtout ce qui retarda la rédaction de notre projet. De février 1853 datent les commencements de la ligne d'Italie et le traité Lavalette avec l'Etat du Valais pour l'exécution d'un chemin de fer dans la vallée du Rhône. « Mais, dit une commission Milanaise, ils ne tar« deront pas a être mis hors de cause, parce que les « deux premiers passages conduisant directement « dans la vallée du Rhône, et le troisième obligeant « encore à traverser le Grimsel, forceraient à dès tra« cés défectueux pour arriver au bassin de la mer « du Nord, c'est-à-dire au bassin du Rhin. »

La question, en effet, finit par être posée ainsi dans beaucoup d'esprits italiens: « mise en communication du bassin de la Méditerranée avec le bassin de la mer du Nord. »

Abandonnant les passages occidentaux, les projets, en Italie, se portèrent vers l'Est et préconisèrent le Lukmanier. Les cantons orientaux de la Suisse appuyaient ces vues, tandis que les cantons du centre adoptaient le Saint-Gothard, voisin du Lukmanier. Le percement du Mont-Cenis, auquel on travaillait, mais bien lentement depuis 1857, semblait encore éloigner toute idée d'un autre passage.

La plus grande partie des projets qui furent présentés est due à des initiatives particulières; cependant quelques commissions officielles y ont aussi pris part.

Dès 1853, en vue surtout, disait-on, des intérêts génois, le gouvernement sarde donnait la préférence au tracé par le Lukmanier et sur la proposition du ministre des travaux publics, commandeur Paliocupa, la chambre des députés votait un subside de dix millions de livres pour la compagnie qui en prendrait l'entreprise. Peu après, la ville de Gênes ajoutait, pour son propre compte, six millions au subside du gouvernement. Mais ces promesses n'ont pas eu jusqu'ici à se réaliser.

En 1858 et 1859, deux projets par le Lukmanier furent proposés au gouvernement sarde, mais ils n'eurent pas de suite. Les événements politiques qui donnèrent la Lombardie au Piémont, vinrent agrandir la question et la faire entrer dans une phase nouvelle. Jusque-là, en effet, une préoccupation constante du gouvernement sarde, dans tous ces projets, avait été de *rester éloigné*, indépendant de l'Autriche maîtresse alors de la Lombardie, et de réaliser le passage alpestre sans elle. Il est à croire, d'après cela, que le ministre autrichien Bruck, patronant le passage par le Splugen, pesa d'un grand poids dans le choix qui fut fait du Lukmanier par le gouvernement sarde.

C'est de l'époque du changement politique de 1859 que les recherches de passages furent poussées de ce côté jusqu'au Septimer.

En mai 1860, le ministre des travaux publics italiens, Jaccini, comprenant toute l'utilité et, par suite, la nécessité de résoudre une question d'une si grande importance pour le nouvel Etat, forma une autre commission chargée d'examiner si, eu égard aux nouvelles conditions territoriales du pays, le Lukmanier, antérieurement admis, était préférable à tout autre passage pour joindre le réseau italien avec la Suisse et l'Allemagne, ou s'il ne convenait pas mieux d'adopter une autre direction. Cette commission devait aussi examiner les projets auxquels la même question avait déjà donné lieu.

Deux sous-commissions présentèrent chacune un travail; l'une en juin, l'autre en juillet 1860. Les rapports à l'appui soulevèrent de nombreuses critiques et ces projets mal accueillis, furent plus nuisibles qu'utiles au tracé qu'ils proposaient par le Splugen. Mais le choix, par une commission italienne de ce passage, d'abord repoussé lorsqu'il était proposé par l'Autriche, confirme bien cette pensée que la préférence donnée antérieurement au Lukmanier, était surtout motivée par des considérations toutes politiques.

En décembre 1861, une autre commission nommée par le conseil municipal de Milan, présenta aussi un rapport qui concluait à préférer les passages orientaux aux passages occidentaux, et le Septimer à tout autre. Mais depuis cette époque aucun résultat n'est encore sorti de cette conclusion.

Enfin, en 1865, une nouvelle commission chargée de résoudre les mêmes questions, vient de se déclarer en faveur du passage par le Saint-Gothard. Ainsi, en 1853, 1860, 1861 et 1865, quatre commissions en arrivent à conclure pour quatre passages différents. De cette divergence d'opinion ne doit-on pas légitimement conclure, à priori, qu'aucun de ces passages ne présentant assez de conditions favorables pour réunir même deux avis en sa faveur, n'est capable de donner satisfaction aux intérêts qu'on s'efforce d'y rattacher ; ou que tous, du moins, ont contre eux des objections techniques et autres assez puissantes pour les faires repousser.

Le Septimer, le Splugen, le Lukmanier et le Saint-Gothard donnèrent lieu à d'autres projets particuliers qui ne furent pas plus heureux et, à ceux-ci, nous devons ajouter, comme ayant eu le même sort, quelques tracés par les cols du San Bernardino et du Nufenen.

Actuellement donc, après ces tentatives et ces propositions restées jusqu'à présent infructueuses, sur trois points seulement s'effectue le travail du passage des Alpes.

Deux de ces points, en dehors de la Suisse et de l'Italie, sont sur le territoire autrichien; le Soemmering, de Trieste à Vienne, et le Brenner, de Venise à Munich, par Vérone, Botzen et Inspruck. Le troisième, où s'exerce seule l'initiative italienne, est le Mont-Cenis.

Le chemin de fer du Soemmering fait partie du réseau de la compagnie du Sud de l'Autriche et est en exploitation depuis 1854. Le chemin de Brenner, dépendant de la même compagnie est en cours d'exécution et doit être terminé, selon les prévisions, à la fin de 1867.

Quant à l'achèvement du passage par le Mont-Cenis, il ne se laisse entrevoir qu'à une époque indéterminée que les calculs les plus favorablement probables n'indiquent pas avant 1876 ou 1880, ainsi que nous le montrerons plus loin dans le chapitre où nous discuterons les divers passages.

Si l'on demande maintenant pourquoi, après une reconnaissance si unanime de la nécessité de traverser les Alpes en chemin de fer, et après tant de travaux divers, on n'est arrivé encore qu'à un résultat si peu satisfaisant, on trouve de cet état de choses plusieurs raisons.

D'abord, l'extrême diversité des projets et l'incertitude qui règne toujours sur la meilleure solution à appliquer.

Puis, en Suisse surtout, la préoccupation de points de vue stratégiques et politiques, étrangers ou nuisibles à la question, et, en Italie aussi, l'influence de l'esprit d'intérêt local, dissolvant et paralysant tout effort, ainsi que toute union.

Enfin, la dépense considérable que nécessitent la plupart des projets présentés, le sacrifice d'argent qu'ils demandent aux gouvernements et la situation financière de ceux-ci.

Toutes les entraves et tous les obstacles qui se sont produits contre l'exécution des projets présentés, pour résoudre la question de la traversée alpestre viennent de ces causes isolées ou réunies.

CHAPITRE II.

Etat actuel de la question.

En attendant l'exécution des passages alpestres, complément de leur réseau de chemins de fer, la Suisse et l'Italie n'étaient pas restées inactives. Si ces deux pays ne sont pas jusqu'à présent venus à bout de l'œuvre principale, ils en ont du moins posé les amorces et poussé les voies de leur territoire assez près des pieds de la chaîne à franchir.

En Suisse, le rail exploité arrive jusqu'aux villes de Martigny et Sion, Thun, Lucerne, Glaris et Coire ; en Italie, jusqu'à Suze, Ivrée, Biella, Arona, Varèse, Como et Lecco.

C'est donc entre ces points extrêmes, situés au Nord et au Sud des Alpes, que doivent s'exercer les recherches et se dérouler les tracés.

Il ressort des projets et des passages divers qui ont été proposés depuis le commencement de la discussion, que trois points se sont trouvés, en Suisse, plus particulièrement présentés, et dans ce pays on semble généralement fixé sur l'une des trois lignes par le Simplon, le St-Gothard et le Lukmanier.

Cependant, tout récemment, conséquence naturelle des intérêts engagés dans l'union des chemins de fer suisses qui ont besoin d'un débouché vers l'Italie, quelques combinaisons viennent de se produire pour promouvoir plus particulièrement le passage par le St-Gothard. Cette divergence des opinions est naturelle. Elle résulte de la situation même des divers cantons à l'Ouest, au centre et à l'Est de la Suisse, auxquels répond plus particulièrement chacun de ces passages.

Mais, pour être naturelle, cette divergence qui s'est produite promptement et qui règne encore aujourd'hui, n'en est que plus affaiblissante, et constitue l'une des causes majeures du peu de progrès de la question. Outre l'esprit d'intérêt local qui s'y révèle d'une façan marquée, cette division trouve encore, pensons-nous, une de ses raisons déterminantes dans les considérations de toute sorte qui ont été présentées dans la discussion, et qui naissent des points de vue particuliers auxquels se placent un assez grand nombre d'esprits en Suisse.

Ainsi, dans une brochure publiée en 1863, un colonel fédéral inspecteur du génie, présenta la solution suivante : « Réunir à Airolo, dans le canton du Tessin, quatre lignes, l'une par la vallée du Rhône, l'autre par la vallée du Rhin, les deux autres venant des vallées de l'Aar et de la Reuss et descendant vers l'Italie par la vallée du Tessin. »

L'auteur se propose, par ce moyen, de fournir au commerce européen un passage aussi avantageux que possible, tout en sauvegardant les intérêts militaires et politiques de la Confédération. Nous n'avons pas l'intention d'examiner l'impraticabilité de cette solution. Il nous suffit de dire qu'elle renferme, sur un espace restreint, trois fois la traversée des faîtes, c'est-à-dire qu'elle triple la difficulté, qui est le point capital de la question. Ce qui nous importe surtout présentement, c'est de signaler les préoccupations militaires et politiques, louables en elles-mêmes, mais ici, hors de leur place, qui ont présidé à la conception de cette idée qui en est l'expression la plus complète.

Pratiquement défectueux, ce projet n'est pas moins désavantageux, en raison de l'énorme dépense à laquelle il donnerait lieu et qui entrainerait des tarifs très-élevés, ainsi que par l'augmentation de parcours qu'il ferait subir à la plus grande partie des transactions qui emploieraient ses voies. Le seul avantage réel qu'il présente, mais qui serait chèrement acheté, est celui pour lequel il a été spécialement conçu, de sauvegarder les intérêts militaires et politiques de la Confédération, en même temps que ses communications avec le canton du Tessin, au sujet duquel le voisinage de l'Italie semble donner parfois des craintes à la susceptibilité du gouvernement suisse.

Que l'on considère la ligne proposée, s'étendant de Martigny à Coire, avec ses trois ramifications vers le Nord, et une seule branche vers le Sud ; qu'on réfléchisse à l'importance de ce point unique d'Airolo, bourg obscur à 1,200 mètres de hauteur, la moitié de l'année enfoui sous la neige, mais qui commanderait tout le commerce de l'Italie avec le centre de l'Europe et réciproquement, et l'on saisira jusqu'à l'évidence l'esprit de cette solution. Par ce point central d'Airolo, auquel viendraient aboutir les différentes lignes du Nord et d'où partirait la voie unique du Sud, la Confédération, maîtresse sur son propre territoire, tenant la clef de toutes ces directions, et pouvant les ouvrir ou les fermer, aurait à sa merci tous les intérêts étrangers qui les parcourraient. Evidemment, bien qu'il soient mentionnés, les intérêts du commerce européen n'ont pas pesé d'un grand poids dans l'élaboration de ces tracés, et lors même qu'ils offriraient à une partie d'entre eux quelques points favorables, on peut se demander si dans de telles conditions ils se décideraient à en profiter.

Les transaction commerciales qui sont les motifs principaux, les ressources capitales de l'établissement et de l'exploitation des chemins de fer, ont le droit de se montrer exigeantes et, écartant toutes les considérations qui peuvent les entraver, de demander leur satisfaction propre et particulière.

Par la position qu'occupe en Suisse l'auteur de la brochure dont nous venons de parler, il est à croire que les préoccupations qu'elle révèle trouvent de l'écho dans le pays et ne sont pas isolées. C'est pourquoi nous avons cru devoir ne pas la laisser passer sous silence.

C'est conformément aux mêmes pensées qu'un ingénieur vaudois, dans l'un des projets qu'il a élaborés sur le passage par le Simplon, proposait d'établir à la sortie du tunnel à percer sous cette montagne, des portes cuirassées à l'aide desquelles on pourrait intercepter, sur le rail établi, toute communication d'Italie en Suisse.

Il est regrettable que de semblables considérations se produisent dans une question comme celle qui nous occupe, et dans un pays comme la Suisse, dégagé de tout mouvement politique extérieur. Faisant dévier l'attention du but principal, entretenant des appréhensions sans fondement sérieux et ne servant que des intérêts sans force, ces points de vue ne réussissent qu'à entraver la question même, pour la solution de laquelle ils sont mis en usage. Aussi, est-ce pour les apprécier à leur juste valeur et les montrant sous leur vrai jour, en dégager le terrain, que nous nous y arrêtons ici.

Pourquoi donc cette défiance de tant d'esprits en Suisse ?

Depuis 1803, époque à laquelle la Confédération reçut de la France l'acte organisateur dit de médiation et depuis le pacte fédéral de 1815, encore en vigueur aujourd'hui, l'état de neutralité du pays, garanti par toutes les puissances, est complétement entré dans le droit politique européen. Cette situation acceptée, sanctionnée, est consolidée par le temps. Autour d'elle bien des changements se sont produits qui ne l'ont pas atteinte. Dans le sein de la Confédération même ont eu lieu bien des troubles graves et inquiétants, qui sont restés purement locaux et au sujet desquels aucune ingérence étrangère n'est venue agir en portant atteinte au principe de neutralité constante. Au milieu des bouleversements de ce siècle, cet état de chose demeuré stable et devenu l'un des plus anciens de l'Europe actuelle, ne peut donc être regardé comme précaire ; on peut même dire que par l'effet des relations depuis si longtemps établies dont il est la base, et par suite de la coordination des intérêts étrangers, autour de lui et avec lui, il a pris une force plus grande.

Quelle raison alors de mettre en jeu des situations que tout repousse et des craintes que rien ne fait prévoir, si la Suisse elle-même ne les provoque pas ? Est-ce que particulièrement la France, que la Suisse semble mettre surtout en suspicion, ne s'est pas, récemment encore, dans le réglement d'un différend territorial, montrée remplie de l'esprit de conciliation le plus propre à assurer et à maintenir le bon accord entre les deux pays?

Au reste, à chacune de ses deux puissantes voisines, la France et l'Italie, qui portent sur leur sol 36 et 28 millions d'habitants, qui ont des armées de 500 et de 200 mille hommes, des budgets de deux milliards et demi et d'un milliard et demi, quelle résistance pourrait opposer la Suisse, avec ces 2,323,000 habitants, ses 44,000 hommes de troupes fédérales et les quinze ou seize millions qui sont le revenu total de ses vingt-deux cantons?

Non, le droit de la Suisse est tout pour elle, sa force matérielle n'est rien. Si sa neutralité devait être méprisée par une puissance étrangère, toutes les mesures prises par elle seule (et elle doit rester seule sous peine de légitimer ou de pallier les agressions) seraient rendues inefficaces par sa faiblesse. Si, au contraire, comme un passé de cinquante ans en est une garantie pour l'avenir, cette neutralité reste inviolée, les considérations politiques et surtout stratégiques sont sans objet. Funestes donc ou peu utiles, il faut écarter du début ces points de vue pour ne compter enfin qu'avec les seules considérations économiques, commerciales et industrielles.

C'est là un point sur lequel sont devenus, enfin à peu près unanimes, au milieu de leur désaccord sur tant d'autres, presque tous les auteurs qui ont, dans ces derniers temps, abordé la question des chemins de fer alpestres. Mais dans l'examen qu'ils ont fait de celle-ci, il est un autre point qui ne les réunit pas moins : c'est de considérer le territoire Suisse comme appelé à devenir surtout un vaste entrepôt de transit entre les pays du centre Ouest de l'Europe et de l'Italie.

Tout concourt à faire entrer la Suisse dans ce grand mouvement commercial. Sa position géographique qui la rend l'intermédiaire de la plus grande partie du commerce continental de la péninsule italienne ; sa position économique, par l'abaissement de son tarif douanier, si favorable au développement des transactions; sa situation politique enfin, par l'état de paix et de neutralité que lui garantissent les puissances européennes. Celles-ci semblent, en cela, avoir prévu l'avenir et voulu se prémunir contre elles-mêmes par la reconnaissance de ce territoire respecté, toujours prêt à donner lés libertés et les protections compromises ailleurs.

Cette situation transitoire créée par la nature et favorisée par les événements, a d'ailleurs sa place déjà faite et acquise au milieu du commerce européen. Mais elle ressort surtout de ce que, dans les considérations économiques auxquelles nous avons dit qu'il convenait de s'arrêter, l'élément suisse se trouve être d'une importance bien moindre que les éléments étrangers. Malgré les qualités de son peuple, agricole et industriel, travailleur et patient, la nature et l'exiguïté du pays suffisent à faire comprendre cette infériorité relative. La Suisse livrera passage vers l'Italie à un mouvement beaucoup plus considérable que le sien propre. Mais, selon une conséquence inévitable et simple, le développement même de ce commerce transitoire par la Suisse, deviendra le développement de la richesse du pays lui-même, ce qui donne à celui-ci un intérêt puissant à appeler à son aide les coopérations extérieures, et à appuyer celles qui peuvent se présenter.

Dans le mouvement commercial qui s'effectue sur le sol de la Confédération, le rapport des intérêts suisses aux intérêts étrangers peut être posé comme étant de 1 à 4.

Dans un travail publié en 1860, par un ingénieur connu et distingué, M. Eugène Flachat, il est dit : « Si les hypothèses de transport que nous avons présentées par le Simplon paraissent justifiées, nous en attribuerons les 4/5 aux contrées situées en dehors de la Suisse, et 1/5 aux destinations et provenances de la Suisse elle-même. » Et il ajoute que : « pour arriver à ce transport possible, mais hypothétique, nécessaire pour couvrir les frais d'exploitation et l'annuité du capital d'établissement du chemin alpestre, il faudrait que le mouvement actuel fût presque quadruple. » Dans ce mouvement des transports suisses, 1/5 seulement devant être attribué au pays lui-même, il faudrait donc pour que la Suisse alimentât seule le chemin de fer par le Simplon, l'un des passages les plus fréquentés à cause de sa bonne route, que le mouvement du pays fût vingt fois plus considérable. Or, remarquons que le projet exceptionnel de M. Flachat ne compte que sur une dépense de 20 millions, tandis qu'en moyenne elle s'élève, pour la plupart des tracés alpestres, à un chiffre quadruple. Ce n'est donc pas vingt fois, mais quatre-vingts fois plus considérable que devrait devenir le développement des transports de la Suisse pour alimenter et soutenir seuls une voie ferrée alpestre.

Cependant ces rapports, basés sur des documents de douanes, établis dans un but tout différent de celui pour lequel ils ont été consultés, se trouvent forcément inexacts et ne sont que des approximations plus ou moins éloignées de la vérité.

En faisant la supposition, à peu près certaine, qu'un assez grand nombre d'éléments ne sont pas compris dans ces documents ou leur échappent, et diminuent alors d'une partie notable le rapport d'accroissement à obtenir, il resterait encore à la Suisse, ou au transport par le passage du Simplon, une augmentation considérable à atteindre, bien suffisante pour prouver l'état d'impuissance relative à cet égard où se trouve actuellement le pays ; impuissance qui lui fait une nécessité, pour réaliser enfin l'œuvre qu'il poursuit depuis si longtemps, de se lier étroitement aux intérêts étrangers, seuls capables de mener celle-ci à bonne fin.

Or, ces intérêts n'emprunteront et ne féconderont de leur passage le territoire Suisse, que s'ils y trouvent un réel avantage.

Si malgré la petitesse de son territoire et l'insuffisance relative de ses transactions, la Suisse était un Etat riche, il lui serait certainement possible d'exécuter à elle seule, ainsi qu'elle le désirerait, l'achèvement de son réseau de chemins de fer, et, sur un point au moins, le travail de la traversée des Alpes.

Ses voies terminées, ses rapports internationaux établis, elle pourrait alors espérer et attendre, après de tels efforts, son développement commercial. Mais il n'en est pas ainsi, l'état financier des cantons souverains et de ceux surtout sur le territoire desquels auraient à se dérouler les tracés alpestres, est une raison nouvelle et puissante, en faveur de la coopération nécessaire des capitaux et des intérêts étrangers.

Cependant, plusieurs compagnies qui avaient obtenu des concessions de chemins suisses, n'arrivant à aucun résultat, d'autres ayant traversé des situations embarrassées et critiques qui retardèrent ou firent cesser leurs travaux, le gouvernement fédéral, représenté par M. Staempfli, eut la pensée de racheter ces chemins de fer. Il espérait ainsi faire cesser ces inconvénients, et donner aux lignes du pays une activité plus grande en centralisant leur direction. Enfin réalisant, après quelques sacrifices, une fructueuse opération financière, il pensait trouver dans l'application de cette mesure, les ressources nécessaires pour l'exécution de la traversée des Alpes, comme complément et couronnement du réseau local.

Là se trouve, en effet, le salut des chemins suisses. L'obstacle des Alpes les renferme comme dans une impasse et ils ne pourront voir leur situation s'améliorer que lorsque l'exécution d'un passage alpin italo-suisse viendra lui offrir un débouché. Toutes les grandes compagnies de chemins de fer suisses sentent cette situation, aussi est-ce plus à elles encore qu'aux gouvernements qu'on doit rapporter en grande partie, les efforts qui se font pour la solution de la question. Un certain temps cette combinaison de rachat séduisit quelques esprits, et bien qu'il soit très-discutable, par suite de la pauvreté même de la plupart des cantons et des exigences probables des compagnies, ce projet n'eût peut-être pas été impossible, moyennant des sacrifices et avec l'aide des fonds étrangers. Mais tout d'abord, son adoption en principe par les parties intéressées, fut problématique.

En effet, il n'est pas douteux que le gouvernement fédéral, possédant l'administration générale du réseau, ne se trouvât avoir en main un puissant moyen d'influence et d'action.

Appelé par cette position à connaître et à décider d'un grand nombre de questions et d'intérêts purement cantonaux, il se trouverait mêlé dans certaines affaires intérieures des cantons.

Or, c'est là une immiscion, inévitable en ce cas, que ceux-ci accepteraient sans doute difficilement.

En outre, devant toujours avoir en main l'intérêt général, lequel ne peut être servi que moyennant certaines concessions de la part des intérêts particuliers, le gouvernement se trouverait, à l'égard de chacun des cantons, dans une situation immanquablement féconde en conflits et en mécontentements pénibles et peut-être dangereux. Maîtres chez eux, seuls juges des affaires locales, les cantons tiennent essentiellement à cette prérogative, et tout essai de centralisation, d'immiscion de la part du gouvernement ou toute autre mesure entraînant un semblable résultat, ne pourrait être que mal vu ou rejeté.

Des faits récents ont, d'ailleurs, donné la preuve de cet antagonisme. Lors de cette motion du rachat des chemins de fer par M. Staempfli, le *Journal de Genève*, organe influent d'une partie du pays, s'éleva fortement contre cette mesure, au nom de l'indépendance des cantons et en prévision des complications qu'elle ne pourrait manquer de faire naître.

Enfin, il n'y a pas longtemps encore, les cantons d'Uri et de Lucerne déclarèrent, peut-être contrairement à la constitution, au sujet du traité de commerce de la Suisse avec la France, que le conseil fédéral n'était pas compétent pour les représenter. Il est difficile de montrer une opposition plus radicale contre tout acte du gouvernement tendant à toucher aux affaires intérieures des cantons. Mais en écartant même cette raison concluante, il en est une autre qui est d'un grand poids. C'est l'inévitable confusion des intérêts voisins et jaloux que soulèverait cette mesure.

Il est certain qu'après avoir fait tous les sacrifices voulus pour l'exécution du rachat projeté, après avoir participé à la dépense nécessaire et subi les conditions imposées à tous en vue d'un plus grand bien général, chaque canton voudrait voir ses intérêts particuliers desservis à son gré, et toute concession accordée à l'un d'eux ne manquerait pas d'être demandée par les autres. Pour satisfaire à ces exigences, pour calmer ces rivalités, sous peine de faire des mécontents irréconciliables, parce qu'ils se croiraient lésés dans leurs intérêts, le gouvernement fédéral se verrait entraîné dans des travaux au-dessus de ses forces, ou en butte à des tiraillements funestes.

Cependant, allant jusqu'au bout des plus favorables suppositions et poussant les choses jusqu'à admettre ce rachat, nous ne pourrions conclure que la question du passage des Alpes, en reçut, avant de longues années, une grande impulsion.

N'est-il pas infiniment probable, en effet, que bien du temps s'écoulerait avant que cette mesure eût porté les fruits espérés et jusqu'à ce que le gouvernement fédéral, délivré des engagements qu'il aurait dû prendre, eût réuni les fonds indispensables pour la mise à exécution définitive et non interrompue d'un pareil travail.

Ainsi, les considérations stratégiques, d'une part, ne peuvent être qu'un obstacle aux désirs légitimes de la Confédération, au sujet du passage des Alpes. De l'autre, sa situation la rend solidaire des relations étrangères qui se meuvent autour d'elle et son intérêt, en même temps que la nécessité, lui font une loi de s'y rattacher.

Que la Suisse donc, gouvernement fédéral et cantons souverains, laisse sur son territoire neutre et hospitalier tous les efforts se produire; qu'elle appuie toutes les tentatives et, pour son plus grand avantage, pour le développement de ses forces et de sa richesse, qu'elle sache rendre siens les intérêts étrangers et féconds qu'elle aura sollicités et réunis en les servant.

Après les hésitations qu'elle a montrées et que

nous avons voulu examiner, afin de mettre la question dans son vrai jour, la Confédération s'est enfin portée vers ces coopérations extérieures, mais, selon nous, pas assez complétement et par là même peut-être inefficacemment.

Une commission, à laquelle se sont décidés à prendre part les gouvernements de la Prusse, de la Hesse et de Bade, a été annoncée comme devant se réunir à Berlin, pour s'occuper du passage des Alpes par le Saint-Gothard qui est, en ce moment, le plus particulièrement préconisé en Suisse.

Dans le fait de cette commission, doit-on voir l'initiative de la Suisse ou d'un autre gouvernement? Doit-on ne reconnaître que le résultat des efforts des compagnies suisses en détresse, ou d'autres tentatives d'affaires comme il s'en produit tant dans ces sortes de questions? En tout cas, ce fait met en lumière les dispositions de la Confédération à entrer, enfin, dans les combinaisons internationales sur lesquelles seulement elle peut fonder quelque espoir et à accepter sur son territoire les forces qui pourront lui venir du dehors. C'est comme un engagement.

Dans ces circonstances, la question non encore résolue est toujours pendante et laisse, ainsi dégagée, le champ ouvert aux entreprises.

A côté de la Suisse, où la pensée d'un chemin alpestre née plus tôt, fut aussi plus vivement agitée, l'Italie, pour laquelle elle était aussi d'une importance majeure, la laissa mieux sur son véritable terrain économique et technique. Cependant cette plus juste appréciation ne se manifesta bien qu'après la guerre de 1859. A cette époque, l'Italie, plus libre enfin de ses actions et plus maîtresse de ses intérêts propres, put éloigner sans crainte les préoccupations dont jusque-là le voisinage de l'Autriche en Lombardie l'avait forcée à ne pas s'écarter.

Mais depuis 1860, la question, en Italie, n'est pas sortie de ses véritables termes et les divergences qui se produisirent et qui se produisent encore dans la discussion, ne proviennent que de la façon plus ou moins saine dont les termes en sont envisagés. S'agitant à peu près dans les mêmes passages qu'en Suisse (Simplon, St-Gothard et Luckmanier ou Septimer), elle reste dans une expectative semblable, bien que provenant d'autres causes, et dans la même incertitude.

Depuis neuf ans déjà, l'entreprise qui se poursuit au Mont-Cenis promettant quelque satisfaction à une partie des intérêts du pays, semble atténuer un peu l'urgence d'un autre passage. Aussi, moins vivement poursuivie qu'en Suisse, le champ qu'offre sur le sol italien cette question des passages alpestres, et dans lequel elle s'est généralement maintenue, est plus large et plus propice à la discussion dans laquelle nous allons maintenant entrer. En traitant la partie économique de la question, nous devons donc arriver à trouver la solution la plus favorable pour les intérêts en cause. Mais, eu égard aux différents termes qu'elle embrasse cette situation économique, d'où doit, en grande partie, sortir celle où se trouveront les voies ferrées projetées, est soumise à d'importantes modifications par suite des considérations techniques de ces projets. Tel passage qui semble, par sa situation géographique servir le plus directement certaines relations, peut leur être cependant moins favorable qu'un autre passage moins direct, mais qui comporterait pour l'établissement d'un chemin de fer une dépense moindre et de meilleures conditions d'exploitation, avantages qui peuvent compenser bien au-delà l'augmentation du parcours.

A côté des bases économiques de la question, soit au Nord soit au Sud des passages des Alpes, nous devons donc établir d'abord la situation technique de ceux-ci, qui est d'une importance capitale par rapport à la première et qui doit la compléter.

CHAPITRE III.

Discussion pratique et générale.

Toutes les opinions sont d'accord sur les conditions d'exploitation qu'on doit avoir en vue dans l'établissement d'un chemin de fer à travers les Alpes comme ailleurs. Mais dans la nature pleine d'obstacles au milieu de laquelle s'exercent les recherereches, les divisions s'élèvent, alors qu'il est question des moyens à employer pour obtenir ces conditions d'économie, de sécurité, de régularité et de capacité que tous désirent et qui seules peuvent répondre aux besoins des relations à satisfaire.

Quels doivent donc être ces moyens?

Il importe d'élucider ce point; car, dans un certain espace géographique, le choix que chacun peut faire du passage qu'il regarde comme le plus favorable, dépend entièrement des moyens qu'il croit le plus avantageux de mettre en usage. Il est évident que l'ingénieur partisan des longues percées souterraines, ne partant pas des mêmes principes que celui qui admet l'ascension continue des montagnes, ne s'arrêtera pas aux mêmes passages. Le premier étudiera les points où les sommets abrupts mais étroits exigeront, d'un versant à l'autre, le percement du souterrain relativement le moins long; le second, ceux au contraire, où les vallées plus doucement inclinées, de chaque côté d'un massif plus épais, offriront des pentes et des épanouissements plus faciles.

Dès que fut engagée la discussion technique des

passages alpestres, deux tendances se manifestèrent, d'où sortirent deux systèmes qui de suite furent poussés à leur limites extrêmes et reçurent les dénominations de *système des tracés hauts* et *système des tracés bas*. Le premier comprenant tous les tracés ascensionnels; le second, tous ceux à long souterrain.

Grâce à leur apparente clarté, ces dénominations faciles furent assez généralement admises. Cependant elles sont très-inexactes.

D'abord, comme il n'a jamais été question de percer les montagnes à leur pied, à quelle hauteur finira le tracé bas et commencera le tracé haut? Quelle longueur aura un souterrain dit long, et quelle autre aura un souterrain court? Ensuite, si l'ouverture du tunnel, qui est à 1,000 mètres au-dessus de la plaine au Nord, se trouve à 1,200 mètres au Sud, le tracé qui serait dénommé bas au Nord, sera-t-il haut au Sud et réciproquement? Par ces quelques questions, dont aucune jusqu'ici n'a eu de réponse, il est aisé de voir que les dénominations commodes dont on s'est si fréquemment et si arbitrairement servi, ont peu de valeur et doivent être rejetées. Ce détail est plus important qu'il ne le paraît au premier aspect, quand on pense, avec tous les esprits habitués à la discussion, combien de choses passent facilement sous des mots qui ne les représentent pas.

La configuration qu'affectent dans les Alpes la plupart des cols de passage, consiste à se relever brusquement en une élévation plus abrupte, à partir d'une certaine hauteur qui varie entre 800 et 1,800 mètres. De cette altitude, sur presque tous les points, les déclivités et les arêtes des contreforts qui avoisinent les sommets sont telles qu'il est impossible d'en contourner les flancs avec des rayons de 300 mètres au minimum, et de s'y développer à la limite supérieure de 0,030 $^m/_m$ d'inclinaison. En adoptant le système des tracés par le sommet des cols, il faut donc de toute nécessité, pour rester sur le terrain, réduire le rayon des courbes au-dessous de 300 mètres et porter l'inclinaison à plus de 0,030 $^m/_m$.

Dans cette situation où nous laissons encore complétement de côté tout le redoutable élément des influences climatériques, certains esprits, dont les uns s'appuient sur la mécanique, n'ont pas craint de se lancer dans le passage des sommets *à ciel ouvert*.

Les avantages particuliers que présentent en faveur de leur système les auteurs de tracés à ciel ouvert se résument en trois chefs : réduction de parcours et de longueur par l'augmentation des inclinaisons; célérité d'exécution du travail; bon marché d'établissement du chemin. Mais, arrivant à la pratique, ces avantages se voient bien diminués et ne compensent pas les inconvénients auxquels ils donnent lieu ou auxquels ils ne rémédient pas.

Dans son projet d'un tracé *à ciel ouvert* par le Simplon, M. Flachat admet des rayons de 100 m. et une déclivité de 0,050 $^m/_m$. En conséquence il imagine, pour cette situation exceptionnelle, un matériel spécial d'après lequel, pour augmenter l'adhérence, c'est-à-dire la puissance de traction, la locomotive est beaucoup plus puissante et les wagons eux-mêmes sont pourvus de cylindres à vapeur et d'appareils moteurs mis en mouvement par la locomotive foyer commun.

Or, à priori, les inconvénients d'un matériel spécial sont graves et de plusieurs sortes, quelles que soient du reste ses qualités intrinsèques.

Ayant d'abord à vaincre des résistances plus grandes, ce matériel doit être plus puissant et conséquemment plus lourd. Par cette raison, après avoir causé une première dépense d'achat plus considérable que le matériel ordinaire, il occasionne, pendant toute la durée de l'exploitation, de plus grands frais d'entretien et de traction.

De plus, par les transbordements auxquels il contraint les voyageurs et surtout les marchandises inertes lorsque les trains gagnent et quittent le parcours exceptionnel, il crée des servitudes et des embarras continuels, en même temps qu'il nécessite une notable augmentation de personnel.

Enfin, la vitesse qu'il permet est généralement très-inférieure à la rapidité ordinaire à laquelle on est maintenant accoutumé. En proposant l'inclinaison de 0,050 $^m/_m$ et son matériel particulier correspondant, M. Flachat compte sur une vitesse moyenne de 16 kilomètres à l'heure, tandis que la rapidité commune est de 30 kilomètres, presque le double.

Il est vrai, toutefois, que dans un tracé ascendant la longueur étant d'autant moindre que l'inclinaison est plus forte, la vitesse peut décroître à mesure que l'inclinaison augmente, sans qu'en somme il en résulte une perte de temps. Cependant cela dépend et n'a rien d'absolu.

Dans l'exemple que nous avons pris, la hauteur à laquelle on s'élève (800 m.) en une heure, à la vitesse de 16 kilomètres à l'heure et à l'inclinaison de 0,050 $^m/_m$ est supérieure à celle que l'on franchit dans le même temps à la vitesse normale de 30 kilom. à l'heure et à la déclivité de 0,025 $^m/_m$. Mais si en conservant la même rapidité unitaire de 30 kilom. on porte la déclivité à 0,028 ou à 0,030 $^m/_m$, on arrive plus rapidement au même point, tout en faisant un plus long parcours, ou ce qui revient au même, on s'élève d'avantage dans la même période de temps. Ainsi, la diminution de parcours que les partisans extrêmes des tracés *à ciel ouvert* présentent comme un avantage de leur système, peut n'être pas efficace ni avantageuse et se trouve annulée par une autre manière de procéder. Car il arrivera ainsi que, suivant les conditions, un trajet plus rapide sur un tracé plus étendu mais plus normal, demandera moins de temps que le parcours ralenti sur une voie plus courte mais tout à fait exceptionnelle.

Un nouvel et considérable inconvénient du système en question est le *lacet à rebroussement*. Dans certains tracés et spécialement pour le passage du

St-Gothard, cet expédient précaire a été admis. Or, les objections qu'il soulève sont graves. Elles ont été ainsi formulées :

« 1° Avec le système des lacets, la machine se trouvant tantôt en tête, tantôt en queue du convoi (sur des inclinaisons accentuées), peut broyer les wagons, dans le cas où un seul wagon viendrait à dérailler. Les lacets sont donc forts dangereux et devraient être interdits par mesure de sécurité publique à moins qu'à chaque lacet la machine ne fît une manœuvre pour se mettre en tête du convoi. 2° Le système des lacets fait perdre beaucoup de temps; car à chacun d'eux il y a un moment d'arrêt, soit pour changer la direction, soit pour une manœuvre de locomotive, dans l'hypothèse où la machine devrait, à chaque lacet, se replacer en tête du convoi. » (1)

Cependant là ne se bornent pas les dangers du système que nous examinons. Lorsque sur un chemin de plaine, la cassure d'une bielle ou de tout autre pièce de la locomotive peut occasionner une journée de perturbation dans le service, il n'est certainement pas prudent de se lancer dans la haute montagne avec un matériel infiniment plus compliqué, multipliant ainsi les chances d'accidents, précisément là où les suites peuvent en être plus graves. Mais lorsqu'à ces obstacles, nés uniquement de la configuration du terrain, vient se joindre le combat des influences climatériques, il y a dans cette hardiesse plus qu'une imprudence. Or, quelque favorable que soit leur exposition supérieure, les tracés par le sommet des cols, s'élevant toujours à des hauteurs d'environ 2000 m., et au-dessus dans des régions envahies par la neige et inhabitables pendant sept mois de l'année, sont destinés à être immanquablement soumis à des intempéries (vents impétueux, tourmentes de neiges, avalanches) de nature à compromettre sans cesse et gravement l'exploitation, par des accidents graves et des interruptions de service forcées et prolongées. C'est là le fait le plus assuré parmi tous ceux qui peuvent se présenter; et un fait indubitable pour toute personne qui connaît les Alpes et qui les a pratiquées, surtout pendant l'hiver. (2)

En supposant qu'on prît des mesures en vue de ces dangers et qu'on élevât contre eux des ouvrages de défense; comme pour être efficaces, ceux-ci devraient être considérables, le temps et les frais de la construction du chemin se trouveraient très-augmentés, contrairement aux prévisions des partisans du système qui, nous l'avons dit, présentent, comme ses avantages capitaux, un bon marché d'établissement et une célérité d'exécution impossibles à atteindre autrement.

En résumé : matériel exceptionnel et pouvant devenir dangereux; exploitation onéreuse; servitudes gênantes, capables de compromettre l'avenir de la ligne projetée; rapidité diminuée; expédients précaires; tels sont les principaux inconvénients des tracés par le sommet des cols; inconvénients auxquels il faut joindre la dangereuse série des obstacles climatériques, si ces tracés sont aussi à ciel ouvert.

Outre celui de M. Flachat, les autres moyens mécaniques qui ont été proposés sont : 1° celui de M. Thouvenot, analogue à celui de M. Flachat ; 2° celui de M. Feel, où des roues horizontales agissent contre un troisième rail placé au milieu de la voie ; 3° celui de M. Riggenbach, où une roue dentelée s'engage dans une crémaillère placée entre les rails et parallèlement à ceux-ci ; 4° le touage ; 5° celui de M. Agudio, établi sur le principe du halage du train par lui-même ; 6° enfin, celui de M. Seiler, dans lequel les trains doivent être élevés à des hauteurs quelconques, au moyen de la balance aérohydrostatique.

C'est pour éviter toutes ces difficultés et ces nouveautés problématiques d'exploitation que plusieurs ingénieurs se sont rattachés au système des tracés *à long souterrain*.

L'un d'eux traverse le Simplon, avec un tunnel de 17,500 mètres; un autre, le St-Gothard, avec un tunnel de 15,400 mètres, et le Luckmanier, avec une percée 14,500 mètres.

L'adoption de ce système repose sur deux considérations principales.

La première est qu'il faut s'élever le moins possible, parce que plus on s'élève, plus le parcours devenant long et difficile, les frais d'exploitation se trouvent augmentés proportionnellement dans une mesure considérable. La seconde considération repose sur le travail du Mont-Cenis, envisagé comme une expérience acquise dont les heureux résultats forment la limite inférieure des perfectionnements mécaniques à apporter dans le percement des longs souterrains.

Analogue au rapport des longueurs, des inclinaisons et des vitesses pour les tracés par le sommet des cols, le rapport à établir entre les parcours souterrains et les parcours ascensionnels pour un même passage, tant au point de vue de l'établissement qu'au point de vue de l'exploitation, dépend entièrement des termes mêmes de ce rapport, extrêmement variables selon les divers lieux de passage. Fondamentalement, si d'une part l'ascension de 10 m. à l'inclinaison de 0,025 m/m équivaut à un surplus de parcours horizontal de 1 kilomètre, c'est-à-dire si 800 m. (montée et descente) de parcours ascensionnel correspondent pour l'exploitation à 1,800 m. de trajet horizontal ;

(1) JAQUEMIN. Projet par le Simplon.

(2) « M Flachat a voulu répondre à cette objection en citant des données statistiques qui réduisent à peu de jours l'interruption annuelle du service postal sur les routes du Simplon et du St-Gothard. Nous pensons que cette comparaison n'est nullement concluante. Le service postal se fait, en hiver sur ces passages, par des traîneaux qui abandonnent très-souvent la route obstruée, pour suivre tantôt les coteaux accessibles, tantôt le fond des vallées. En un mot, le conducteur cherche son chemin sur la neige. Il y a loin de cela à l'exploitation d'un chemin de fer. ». G. LOMMEL.

de l'autre, l'établissement de 1 kilomètre de tunnel inférieur, sans puits, correspond comme prix à celui de 8 kilom. de chemin ascensionnel, et demande deux fois plus de temps. La situation des tracés à long souterrain, vis-à-vis des tracés ascensionnels, dépend donc entièrement des allongements de parcours nécessaires et des inclinaisons possibles pour ceux-ci, termes qui varient pour chaque point de passage. Dans le chapitre suivant où nous examinons chacun de ces points en particulier, il sera facile de se rendre compte de ces relations. Mais nous pouvons dire, dès maintenant, que partout, le surplus considérable de dépense et de temps qu'occasionneraient les tracés à long souterrain, suffirait et au-delà pour l'établissement, aux mêmes lieux, d'un tracé ascensionnel raisonnable, c'est-à-dire ne passant ni à ciel ouvert, ni par le sommet des cols, et pour l'exploitation de ce tracé. D'après les exemples projetés qui en ont été donnés par leurs auteurs, pour que les tracés à long souterrain offrissent de bons résultats financiers, il faudrait qu'une grande partie des fonds dont ils ont besoin, toute celle (80 et 100,000,000) qu'ils demandent comme subvention aux gouvernements intéressés, fût jetée par ceux-ci à fonds perdus. Or, c'est là un sacrifice qu'il serait téméraire d'espérer ou de demander, et que ces gouvernements, uniquement dispensateurs de la fortune et des deniers publics, n'ont pas le droit de faire, parce que leur devoir est de n'employer cette fortune qu'à des entreprises fructueuses et rémunératrices.

Quant aux conclusions tirées du travail du Mont-Cenis, elles indiquent, ce nous semble, des espérances quelque peu exagérées, si l'on considère l'état réel des faits. Les avancements sur lesquels comptaient, au Mont-Cenis, les inventeurs des machines perforatrices employées, n'ont jamais été réalisés et le temps qu'on espérait mettre pour exécuter la quantité de travail actuellement faite a dépassé en longueur toutes les prévisions. Dans l'examen des divers passages, nous avons montré ces résultats, et afin qu'on puisse tirer une conclusion, nous discutons en détail cette entreprise qui sert de point de départ au système des tracés à long souterrain.

Mais, pour un moment, supposons gratuitement le travail expérimental du Mont-Cenis terminé, et admettons comme heureuse une issue encore très-problématique. Qui pourra dire quelle sera la situation de l'exploitation des longs souterrains par rapport à l'aérage et aux aménagements dans ces énormes couloirs de quatre à cinq lieues de long? Les différences atmosphériques aux deux ouvertures, situées sur les deux versants, au Nord et au Sud ou à l'Ouest et à l'Est, dans des expositions aussi différentes, ne seront-elles pas une cause toujours agissante de perturbations?

Questions que cela ; nous en convenons, mais auxquelles les faits encore inconnus n'ont pas donné de réponse et qui, jusqu'à ce que celle-ci soit faite, seront toujours fondées.

Et nous ne sommes pas seuls à être de cette opinion.

M. Flachat, que nous avons déjà cité, mécanicien des plus distingués, qui ne craint pas de se lancer dans la création d'un système nouveau de matériel à vapeur, semble reculer devant les difficultés et les faiblesses mécaniques des remarquables appareils employés au Mont-Cenis et met en doute l'heureux achèvement de ce travail.

C'est sous l'influence de semblables appréhensions et en s'arrêtant devant l'inconnu de ce système de longs tunnels, que la commission milanaise, tout en l'adoptant, néanmoins, émet le sage avis d'attendre l'issue de la percée du Mont-Cenis, avant de se décider à une entreprise semblable. Attente pleine de prudence, mais qui rejette dans un inassignable avenir toute tentative et tout effort analogue pour la traversée des Alpes par un chemin de fer.

Ainsi les espérances fondées sur l'expérience du Mont-Cenis sont loin d'être motivées. Et, allant plus loin, nous dirons en outre, que lors même que cette expérience serait menée à bonne fin, le temps considérable qu'elle aurait exigé, les énormes dépenses auxquelles elle aurait donné lieu, suffisent seuls pour éloigner d'une tentative analogue tout constructeur sérieux et tout esprit animé d'une sage économie.

Afin de donner une idée des facilités ou des impossibilités dans lesquelles entraînerait ce système pris à la lettre et poursuivi exclusivement dans les divers passages, nous avons indiqué sur les profils de ceux-ci et porté sur le tableau ci-après, les tunnels auxquels ils donneraient lieu, aux altitudes comparatives de 1000 et de 1400 mètres.

Nous avons pris la première de ces deux altitudes, parce qu'un des passages du massif du *Simplon*, celui de *Fourchetta*, permet à cette hauteur, de projeter un tunnel de 17300 mètres de longueur, égal au plus long de tous ceux qui ont été jusqu'ici proposés. Nous avons adopté la seconde altitude, 1400 mètres parce qu'à cette élévation on n'aurait à percer, au même point, qu'un tunnel de 8800 mètres, moitié du précédent et dont l'accès aux deux têtes ne présente que des difficultés sensiblement égales à celles qu'on rencontre à la première hauteur. De plus, cette altitude 1400 mètres est le milieu juste de la distance qui sépare l'altitude de 1000 mètres de celle de 1800 mètres, à laquelle nous nous sommes arrêtés dans nos projets.

En examinant avec un peu d'attention les profils précités, on remarquera promptement qu'il existe une différence générale et considérable de niveau entre le sol de la Suisse et celui de l'Italie, et que les accidents de terrain d'un versant ne correspondent pas à ceux de l'autre. Ce désaccord, qu'il ne faut pas perdre de vue et qui donne à tous les tracés une double face, dont chaque côté exige une étude particulière, est si remarquable que, tel tracé qui trouve au nord de grandes facilités, voit sa partie méridionale correspon-

Tableau

comparatif des développements obtenus en plaçant l'entrée et la sortie des tunnels de faîte à des altitudes uniformes, et ensuite à celles marquées par la forme des cols.

Désignation des parties de chaque ligne.		Indication des passages.												
		de Coire à Come par:		de Bellinzona à Coire par:			à Lucerne par:	d'Arona à Brigg par:			d'Aoste à Martigny par:			
		Septimer	Splugen	Bernardino	Retico	Lukmanier	St Gothard	Boccareccio	Fourchetta	Simplon	Menouve	St Bernard	Fenêtre	Ferret
Altitude 1000m.														
	Tunnels	36980	27780	37080	24280	30000	30240	23540	17300	20160	30410	33810	32410	31210
Développée jusqu'à la déclivité de 0.026 du terrain naturel.	Montée	23000	15000	15000	45500	45500	11000	"	"	"	12450	12450	12450	12450
	Descente	"	7000	23500	32500	32500	27500	55000	55000	55000	6000	6000	6000	32000
Développée à obtenir pour atteindre l'entrée des tunnels.	Montée	4270	17190	11190	"	"	17850	11460	11460	11460	11150	11150	11150	11150
	Descente	26920	21150	21150	18080	18080	22920	25540	25540	25540	9230	9230	9230	"
	Totaux	91170	82120	107920	120360	126080	109510	115540	109300	112160	69240	72640	71240	86810
Altitude 1400m.														
	Tunnels	18440	15720	22480	12180	17790	14780	11900	8800	10300	17780	20490	19680	18510
Développée jusqu'à la déclivité de 0.026 du terrain naturel.	Montée	23000	15000	15000	45500	45500	11000	"	"	"	12450	12450	12450	12450
	Descente	"	7000	23500	32500	32500	27500	55000	55000	55000	6000	6000	6000	32000
Développée à obtenir pour atteindre l'entrée des tunnels	Montée	19650	26580	26580	13540	13540	33230	26850	26850	26850	26540	26540	26540	26540
	Descente	42310	36540	36540	33640	33460	38310	40920	40920	40920	24620	24620	24620	7000
	Totaux	103400	100840	124100	137260	142790	124820	134670	131570	133070	87390	90100	89290	96500
Aux altitudes marquées par la forme des Cols.														
	Altitudes	1776m.	1450m.	1616m.	1535m.	1616m.	1445m.	1505m.	1400m.	1100m.	1800m.	1800m.	1870m.	1597m.
	Tunnels	8160	14220	7400	7400	12460	12440	9250	8450	17470	5800	6600	6660	12590
Développée jusqu'à la déclivité de 0.026 du terrain naturel.	Montée	23000	15000	15000	45500	45500	11000	"	"	"	12450	12450	12450	12450
	Descente	"	7000	23500	32500	32500	27500	55000	55000	55000	6000	6000	6000	32000
Développée à obtenir pour atteindre l'entrée des tunnels.	Montée	34120	28500	34880	18730	21850	34960	30880	26850	15310	41920	41920	44620	34120
	Descente	56770	38460	44850	38650	41770	40040	44960	40920	29380	40000	40000	42690	14580
	Totaux	122050	103180	125630	142780	154080	125940	140090	131220	117160	106170	106970	112420	105740

Nota — Si on ouvrait une voie entre Genève et Aoste, sous le Mont Blanc, de Chamounix, vallée de l'Arve, à Entrèves, vallée de la Doire, avec des rampes et pentes minimum de 0,01 par mètre et des rayons de 500m. on aurait :

Longueurs { Tunnel. 10500m. / Montée. 65000m. / Descente. 36500m. / Total 112.000m.

dante complètement impraticable. De plus, en plan, la solidarité des vallées entre elles, leur exposition plus ou moins favorable, leurs contours arrondis et inclinés ou perpendiculaires et infranchissables, sont des circonstances influentes de nature à motiver ou à exclure tout un tracé. Et, suivant ces dispositions, il peut se faire qu'on s'élève plus facilement et plus sûrement, à 15 et à 1.800 mètres sur certains passages, qu'à 1.000 ou 1.200 sur d'autres.

Ainsi, dans une même direction, il n'y a généralement pas à choisir. Ou l'on peut s'élever dans de bonnes conditions, ou cela est impossible. Il n'y a pas à se débattre et l'équilibre des avantages n'existe jamais pour les deux systèmes dans un même passage. Aussi le système des longs souterrains est-il bien plutôt le résultat de la force des choses que d'un libre choix. C'est en quelque sorte un pis aller; et ses partisans s'arrêtent plus devant l'obstacle que de leur propre gré.

Repoussant donc comme défectueux les systèmes exclusifs et préconçus, dits des *tracés hauts ou à ciel ouvert*, et des *tracés bas ou à long souterrain*, nous sommes amenés à conclure, dans l'étude de cette question, que le mode de tracé à employer dépend uniquement du terrain et de la nature que l'on a devant soi. Ce n'est pas sur des systèmes que repose un tracé de chemin de fer, c'est sur le sol et ce n'est pas au milieu des théories qu'il se meut, mais dans la pratique et parmi les éléments.

Le meilleur critérium de tous les travaux est l'expérience; et la voie ferrée la plus facile à établir serait celle qui ne demanderait que la pose pure et simple des rails sur le sol.

Des difficultés où elle se trouve engagée et dont on la surcharge, ramenant la question des passages alpestres à ces simples principes devenus banaux à force d'être vrais, il est certain que le meilleur passage serait celui par lequel le tracé, sans exiger une dépense et une longueur de parcours anormales, se rapprocherait le plus des conditions d'établissement et d'exploitation des chemins expérimentés.

A moins que l'impossibilité de faire différemment ne soit radicalement démontrée, nous croyons que les moyens extrêmes qui attaquent l'essence même des termes de la construction, comme le percement des longs souterrains, la traversée des faîtes à ciel ouvert, ou des expédients hasardés, tels que des inclinaisons exagérées, des lacets, des courbes à rayon très-réduit doivent être repoussés.

Cependant, a-t-on dit et peut-on répéter, le climat et la configuration des Alpes offrent des obstacles tels que, créant des différences complètes de milieux, il est naturel de chercher des combinaisons nouvelles pour faire face à ces nouvelles difficultés. Cette proposition a sa valeur et la pensée qu'on doit s'en tenir autant que possible aux conditions des lignes expérimentées, ne nous empêche pas de la reconnaître en principe, Mais nous croyons que les innovations auxquelles elle peut et doit conduire, ne doivent être risquées qu'avec une extrême réserve et lorsqu'il y a inefficacité radicale dans les moyens jusqu'ici connus et employés.

Encore, ces innovations devraient-elles, dans certaines proportions, affecter la construction plutôt que le matériel; car la construction est la partie solide et définitive du chemin; celle dont la dépense une fois faite, tout en grevant l'entreprise, ne se répète plus; tandis que l'augmentation produite par un matériel exceptionnel dans les frais de l'exploitation ne cesse qu'avec celle-ci.

Ayant derrière elle pour s'y appuyer les certitudes de l'expérience, et devant elle une nature redoutable ou l'incertain des innovations se trouverait encore compliqué des difficultés du sol et du climat, la science du constructeur n'a pas trop de toute sa sûreté pour le passage des Alpes. Disputant le terrain pas à pas, il est prudent à elle, pour le bien des intérêts qui lui sont remis, de ne pas se défaire de ce qu'elle tient et de ne lâcher pied hors du domaine acquis et essentiel, que devant des obstacles inévitables réellement insurmontables par les moyens que le temps et l'usage ont garantis.

C'est en partant de ces principes que nous avons été conduits à donner au passage par le Grand-Saint-Bernard notre préférence raisonnée.

Nous admettons l'ascension avec une inclinaison consacrée par l'expérience, mais seulement jusqu'au point marqué par la configuration du terrain et le régime atmosphérique. Tout en veillant à la plus grande sécurité, nous évitons ainsi toute percée souterraine considérable. D'autre part, entrant en tunnel à la hauteur qui est indiquée par la forme même du passage et où les résistances climatériques deviennent le plus redoutables, nous échappons aux plus grandes des difficultés qui s'accumulent aux environs des faîtes, et nous réalisons une diminution notable de parcours.

Comprenant ainsi, des deux systèmes exclusifs, ce que leur pensée peut avoir de juste et atténuant leurs plus grands obstacles, la combinaison à laquelle nous arrivons naturellement par la forme même des passages, nous semble être la plus rationnelle, parce qu'elle se trouve entre les deux extrémités, et, en même temps la plus favorable, parce qu'elle se rapproche le plus, autant qu'il est possible dans de telles conditions, de l'établissement et de l'exploitation des lignes ordinaires ou du moins expérimentées.

Si nous avons poursuivi le projet que nous présentons actuellement, c'est que, après avoir examiné tous les passages alpestres et surtout ceux de l'Ouest, nous avons reconnu que, parmi tous en général et ceux-ci en particulier, le passage par le Grand-Saint-Bernard semblait présenter plus d'avantages, sous tous les rapports, que le passage sur tout autre point et par quelque moyen que ce fût.

Si donc les prémisses que nous avons posées sont justes, juste aussi doit être le projet qui leur sert de conclusion. Après ces généralités techniques, nécessaires pour diriger les idées, nous préciserons d'avantage, dans l'examen des divers passages que nous allons aborder, les détails et les particularités de la question, à mesure qu'ils se présenteront pour chacun d'eux.

CHAPITRE IV.

Examen particulier des divers passages.

Par rapport à la direction topographique qu'ils affectent, les passages Alpins-Italo-Suisses peuvent être divisés en quatre groupes.

Le premier groupe est formé des passages conduisant à Coire, le long du Rhin, qui sont ceux de l'Est suisse. Le second groupe est composé des passages dont les tracés vont à peu près du Sud au Nord, au milieu de la Suisse. Le troisième comprend les passages qui conduisent de l'Est à l'Ouest, en suivant la vallée du Rhône. Le quatrième groupe enfin, celui des passages de l'extrême Ouest, est formé du massif du Grand-Saint-Bernard.

Au point de vue économique cette division n'est pas à faire, mais ici elle est naturelle et simplifiante.

Passage par le Septimer. — Dans l'ordre que nous avons suivi dans nos recherches et pour arriver à notre conclusion, le premier de ces passages, le plus à l'Est, est le *Septimer*.

Faisant suite aux voies projetées de Zurich et de Bregenz à Coire, il relie Coire à Milan par Chiavenna et Cômo.

Partant de Coire ou plutôt à 10 kilomètres au Sud de Reichenau, à la cote 586 m., la direction de ce passage suit la vallée du Rhin jusqu'à Zollbrucke, puis la vallée de l'Albula, jusqu'à Tiéfenkasten, et, de là, par Schweningen et Molins, gagne Biviola-Stella, à l'altitude de 1,776 m.

De ce point, la montagne se relève abrupte jusqu'à une hauteur de 2,635 m.

Descendant sur le versant Sud, on atteint, à trois kilomètres de distance horizontale, la cote 1,460 m., à Casaccia. Puis entrant dans la vallée de la Mera, on arrive à Chiavenna, à 300 m., d'où l'on gagne Cômo.

En passant par ces divers points, la developpée de cette direction, sur le terrain naturel, est de 79,500 mètres, dont 23,000 seulement en inclinaisons inférieures à 0,026 m/m.

En supposant qu'on perçât, sous le faîte de partage des deux versants, un tunnel à l'altitude de 1,000 mètres, il aurait 36,980 m. La longueur du tracé de la voie ferrée serait de 91,190 m. à obtenir par des moyens artificiels, c'est-à-dire en cherchant pour s'élever, des développements sur un terrain devenu difficile, à cause de son inclinaison supérieure à celle de 0,026 m/m que nous avons adoptée.

A l'altitude de 1,400 m., le tunnel aurait 18,440 mètres, la développée totale 103,400 m., dont 61,960 à obtenir artificiellement.

Enfin, à la hauteur indiquée par la configuration du terrain, hauteur qui n'est pas la même sur les deux versants, le tunnel partant du Nord à la cote 1,776 m., aurait 8,160 m. de longueur. La développée du tracé serait de 122,050 m., dont 90,890 m. à obtenir par des moyens artificiels.

Passage par le Splugen. — Le deuxième passage, celui du *Splugen*, n'est qu'une variante du précédent. La direction est la même jusqu'à Zollbruke; là elle se sépare, et tandis que la première prend la vallée de l'Albula, celle-ci continue dans la vallée du Rhin postérieur par Thusis, Andéer, jusqu'à Splugen, à l'altitude 1,450 m., où, comme au Septimer, à 1,460 mètres environ, la montage se relève brusquement jusqu'à une hauteur de 2,117 m. Ce relief abrupt des deux faîtes, à partir de la même altitude, est facile à comprendre par leur voisinage et, en quelque sorte, leur solidarité.

En descendant sur le versant Sud d'Isola, à la cote 1,777 m., à Galliraggio à 450 m., la direction suit la vallée du Liro ou San-Giacomo pour arriver à Chiavenna à la cote 300 m., après avoir présenté une longueur totale naturelle de 64 kilomètres, plus courte de 15 kilomètres que la direction par le Septimer.

Aux altitudes de 1,000 et de 1,400 m., et à celle qui est indiquée par la configuration du terrain, les tunnels auraient 27,780 m., 15,720 et 14,220 m., les développées 82,120, 100,840 et 103,680 m., dont 32,340, 63,120 et 66.960 m. à obtenir artificiellement.

Passage par le San-Bernardino. — Le troisième passage est celui du San-Bernardino, deuxième variante du Splugen. Sa direction suit le parcours du précédent jusqu'au village du Splugen. Mais au lieu de conduire comme les deux premiers à Chiavenna, elle mène à Bellinzona par la vallée de la Moësa.

Se séparant de la direction du Splugen au village de ce nom, elle continue par la vallée du Rhin jusqu'à Hinterrhein, à la cote 1,616 m., où le terrain se dresse jusqu'à une hauteur culminante de 2,063 m. De là, descendant par Bernardino, San-Giacomo et Gabbiola où elle arrive à 450 m. d'altitude, elle atteint Bellinzona à 220 m.

Par ce passage, les deux tunnels à 1,000 et 1,400 m. auraient 37,080 m. et 22,480 m. de longueur. Ils seraient les plus considérables de tous ceux de ces

Tableau

comparatif des distances par chemins de fer en projet, pour la traversée des Alpes, des villes de Gênes, Turin et Milan, à Bâle et à Paris, par les passages ci-après désignés

Désignation et Indication			Distances kilométriques			
			Chemins		Entre les villes	
			à construire	construits	secondaires	principales
De Gênes à Bâle	1° Par le Lukmanier	de Gênes à Milan	"	177	177	
		de Milan à Bellinzona, par Varèse	69	60	129	
		de Bellinzona à Coire	166	"	166	
		de Coire à Bâle	"	230	230	
		Totaux	235	467	702	702
	2° Par le St Gothard	de Gênes à Milan	"	177	177	
		de Milan à Bellinzona, par Varèze	69	60	129	
		de Bellinzona à Lucerne	194	"	194	
		de Lucerne à Bâle	"	83	83	
		Totaux	263	320	583	583
	3° Par le Simplon	de Gênes à Arona	"	178	178	
		d'Arona à Brigg	155	"	155	
		de Brigg à Martigny	57	30	87	
		de Martigny à Bâle	8	232	240	
		Totaux	220	440	660	660
	4° Par le Gd St Bernard	de Gênes à Vercelli	"	132	132	
		de Vercelli à Santhia	"	19	19	
		de Santhia à Aoste, par Ivrée	88	"	88	
		d'Aoste à Martigny	102	"	102	
		de Martigny à Oron, par Montieux	14	45	59	
		d'Oron à Bâle, par Berne et Olten	"	181	181	
		Totaux	204	377	581	581
De Turin à Bâle	1° Par le Lukmanier	de Turin à Arona	"	138	138	
		d'Arona à Bellinzona	115	"	115	
		de Bellinzona à Coire	166	"	166	
		de Coire à Bâle	"	230	230	
		Totaux	281	368	649	649
	2° Par le St Gothard	de Turin à Bellinzona	115	138	253	
		de Bellinzona à Bâle	194	83	277	
		Totaux	309	221	530	530
	3° Par le Simplon	de Turin à Arona	"	138	138	
		d'Arona à Bâle	220	262	482	
		Totaux	220	400	620	620
	4° Par le Grand St Bernard	de Turin à Ivrée	"	63	63	
		d'Ivrée à Bâle	180	226	406	
		Totaux	180	289	469	469

(Suite)

Désignation et Indication			Distances kilométriques — Chemins à construire	Chemins construits	Entre les villes secondaires	Entre les villes principales
De Milan à Bâle.	1° Par le Lukmanier	de Milan à Bellinzona	69	60	129	
		de Bellinzona à Bâle	166	230	396	
		Totaux	235	290	525	525
	2° Par le St Gothard	de Milan à Bellinzona	69	60	129	
		de Bellinzona à Bâle	194	83	277	
		Totaux	263	143	406	406
	3° Par le Simplon	de Milan à Arona		87	87	
		d'Arona à Bâle	220	262	482	
		Totaux	220	349	569	569
	4° Par le Gd St Bernard	de Milan à Ivrée	24	91	115	
		d'Ivrée à Bâle	180	226	406	
		Totaux	204	317	521	521
De Gênes à Paris.	1° Par le Lukmanier	de Gênes à Bâle	235	467	702	
		de Bâle à Paris	„	524	524	
		Totaux	235	991	1226	1226
	2° Par le St Gothard	de Gênes à Bâle	263	320	583	
		de Bâle à Paris	„	524	524	
		Totaux	263	844	1107	1107
	3° Par le Simplon	de Gênes à Martigny	212	208	420	
		de Martigny à Paris	„	579	579	
		Totaux	212	787	999	999
	4° Par le Gd St Bernard	de Gênes à Martigny	190	151	341	
		de Martigny à Paris	„	579	579	
		Totaux	190	730	920	920
	5° Par le Mont-Cenis	de Gênes à Turin	„	„	166	
		de Turin à Paris	„	„	817	
		Totaux	„	„	983	983

(Suite)

Désignation et Indication.			Distances kilométriques			
			Chemins		Entre les villes.	
			à construire	construits	secondaires	principales
De Turin à Paris.	1° Par le Simplon.	de Turin à Arona	"	138	138	
		d'Arona à Martigny	212	30	242	
		de Martigny à Paris	"	579	579	
		Totaux	212	747	959	959
	2° Par le Gd St Bernard	de Turin à Martigny	166	63	229	
		de Martigny à Paris	"	579	579	
		Totaux	166	642	808	808
	3° Par le Mont. Cenis	de Turin à Culoz	"	"	258	
		de Culoz à Paris	"	"	559	
		Totaux	"	"	817	817
De Milan à Paris.	1° Par le Lukmanier	de Milan à Bâle	235	290	525	
		de Bâle à Paris	"	524	524	
		Totaux	235	814	1049	1049
	2° Par le St Gothard	de Milan à Bâle	263	143	406	
		de Bâle à Paris	"	524	524	
		Totaux	263	667	930	930
	3° Par le Simplon	de Milan à Martigny	212	117	329	
		de Martigny à Paris	"	579	579	
		Totaux	212	696	908	908
	4° Par le Gd St Bernard	de Milan à Martigny	190	91	281	
		de Martigny à Paris	"	579	579	
		Totaux	190	670	860	860
	5° Par le Mont. Cenis	de Milan à Culoz	86	322	408	
		de Culoz à Paris	"	559	559	
		Totaux	86	881	967	967

(Voir le Résumé au verso)

Résumé

des distances comprises dans les tableaux ci-dessus.

Désignation et Indication		Longueurs kilométriques		
		Par divers passages	Par le Grand St Bernard	En faveur du Gd St Bernard
De Gênes à Bâle par:	Le Lukmanier (Milan, Varèse, Bellinzona et Coire)	702	581	121
	Le St Gothard (Milan, Varèze, Bellinzona et Lucerne)	583	"	2
	Le Simplon (Arona, Brigg et Martigny)	660	"	79
	Le Mont Cenis (Culoz, Genève, Lausanne et Berne)	765	"	184
De Turin à Bâle par:	Le Lukmanier (Arona, Bellinzona et Coire)	649	469	180
	Le St Gothard (Bellinzona)	530	"	61
	Le Simplon (Arona)	620	"	151
	Le Mont Cenis (Culoz, Genève et Berne)	599	"	130
De Milan à Bâle par:	Le Lukmanier (Bellinzona)	525	521	4
	Le St Gothard (— id —) (soit en sa faveur 115 K.)	406	"	"
	Le Simplon (Arona)	569	"	48
	Le Mont Cenis (Culoz, Genève et Berne)	749	"	228
De Gênes à Paris par:	Le Lukmanier (Bâle)	1226	920	306
	Le St Gothard (— id —)	1107	"	187
	Le Simplon (Martigny)	999	"	79
	Le Mont Cenis (Turin)	983	"	63
De Turin à Paris par:	Le Simplon (Arona et Martigny)	959	808	151
	Le Mont Cenis (Culoz)	817	"	9
De Milan à Paris par:	Le Lukmanier (Bâle)	1049	860	189
	Le St Gothard (— id —)	930	"	70
	Le Simplon (Martigny)	908	"	48
	Le Mont Cenis (Culoz)	967	"	107

hauteurs. A l'altitude de 1,616 m., marquée par la forme du terrain, la percée aurait 7,400 m.

De Reichenau à Bellinzona, la développée du terrain naturel est de 94 kilomètres. Celle des tracés serait de 107,920, 124,100 et 125,630 m., dont 32,340, 63,120 et 79,730 m. à obtenir par des moyens artificiels.

Groupe du Lukmanier. — A la suite de San-Bernardino vient le massif du *Lukmanier*, qui offre trois points de passage. Ces passages sont: la *Grema* à l'Est, le val *Cristallina* au passage du *Retico*, et le col de *Santa-Maria* ou *Lukmanier* proprement dit, le plus à l'Ouest des trois.

Bien que le passage par la Grema ait donné lieu à deux projets que nous examinerons plus loin; comme par rapport aux deux autres passages il s'offre dans des conditions très-désavantageuses, tout en conduisant aux mêmes points et sans compensation, nous avons cru pouvoir nous dispenser d'en donner le profil.

Passage par le Retico. — *Passage par le Lukmanier.* — De Reichenau, à l'altitude 586 m., par Ilauz à 631 m., et Trons à 884 m., jusqu'à Dissentis à 1,048 m., les directions par le Retico et le Lukmanier ont un parcours commun.

De là, prenant la vallée de Médels ou du Mittel-Rhein jusqu'à Acla, elles se séparent autour du Mont-Garviel pour aller, l'une vers le Retico (2,404 m.) par le val Cristallina, l'autre vers le Lukmanier (1917 mètres) par le col de Santa-Maria.

De son point culminant, la direction par le Retico, entre, par Ranco, dans le val Camabra, descend par Campo jusqu'à Olivane; puis gagne la vallée du Brenno qu'elle suit par Comprovasco, jusqu'à Biasca, pour atteindre Bellinzona à 220 m. d'altitude dans la vallée du Tessin. Sa développée naturelle est de 108,500 m. A 1,000 m., le tunnel aurait 24,280 m., et la longueur du tracé serait de 120,360 m., dont 18,080 m. à obtenir artificiellement. A 1,400 m. et à 1,535 m., hauteur marquée sur le terrain, les tunnels auraient 12,180 m. et 7,400 m., et les tracés 137,260 m., et 142,780 m., dont 47,180 et 57,380 m. à obtenir par des moyens artificiels.

Tandis que la direction par le Retico s'engage à Perdatsch, du côté du val Cristallina, celle du Lukmanier continue dans la vallée du Mittel-Rhein, par Saint-Gion à la cote 1,615 m.

De ce point, par une pente relativement douce, la montagne atteint une hauteur de 1,917 m., la moins élevée de toutes les culminations des passages alpestres.

De cette hauteur, la ligne de parcours de ce passage descend sur le versant Sud, dans la vallée du Brenno, par Brenico, à l'altitude de 1,666 m., gagne Olivone à 892 m., et suit la vallée du Tessin après avoir rejoint la direction méridionale précédente, avec laquelle elle atteint Bellinzona après une développée naturelle de 114 kilomètres.

A l'altitude de 1,000 m., le tunnel aurait 30,000 m. et la longueur du tracé 126,080 m., dont 18,080 m. seraient à obtenir par expédients. A l'altitude de 1,400 m., et à celle de 1,616 m., qui est indiquée par la forme du terrain, en même temps que par son exposition en plein Nord, les tunnels seraient d'une longueur de 17,790 m. et 12,460 m., et les tracés de 142,790 m., et 154,080 m., dont 47,000 et 63,620 mètres à chercher artificiellement.

Au Lukmanier finit la série des passages de l'Est suisse, dont les tracés suivent les cours du Rhin jusqu'à Coire.

Par les passages du Septimer et du Splugen, de même que par tous ceux qui dominent la vallée du Rhin, le point initial des tracés au Nord est Reichenau ou plutôt Coire.

Mais les extrémités Sud sont différentes. Chiavenna est le terme des tracés par les deux premiers passages et le point d'où ils peuvent se continuer, dans les conditions ordinaires vers Côme, sur la rive occidentale du lac du même nom où aboutissent les chemins de fer établis. Bellinzona est le point extrême des tracés par les autres passages.

De Bellinzona, ils se relient à Varèse ou à Arona aux voies existantes.

La jonction des relations des lignes italiennes avec les chemins alpestres, de Milan par Chiavenna ou Bellinzona, a été un sujet sur lequel la discussion s'est élevée.

Purement italienne, cette question qui n'est que contingente et secondaire, par rapport à la question principale qui nous occupe, n'a pas à nous intéresser.

Dans l'examen technique auquel nous nous livrons, les pieds de la chaîne alpestre sont nos deux termes.

Or, si nous considérons maintenant l'ensemble des cinq passages que nous venons de développer, de frappantes analogies se présentent à nous. Dans tous, le versant Nord qui leur est commun sur une plus ou moins grande longueur, offre un terrain relativement facile, dont l'inclinaison généralement adoucie est, pour les tracés, une condition favorable. Mais sur le versant méridional la situation change. Les vallées descendant plus abruptes, rendent généralement très-difficiles et parfois impossibles les développements indispensables auxquels on est contraint.

Comment, par exemple au Septimer, de l'altitude de 1,776 m., à celle de 1,460 m., sur une longueur horizontale de 1 kilomètre, obtenir une développée de 12 kilomètres? Cela ne se peut pas.

En outre, on peut remarquer aussi, que jamais le point marqué sur le versant Nord par la forme du terrain, pour l'entrée en tunnel, ne correspond au point indiqué sur le versant Sud et réciproquement.

La différence des hauteurs est généralement de 500 mètres.

De sorte que si l'on choisit la facilité offerte par le côté méridional, comme sur l'autre versant l'écartement est plus considérable parce que l'inclinaison est plus douce; pour s'élever moins haut, on se heurte à une longueur souterraine considérable. Si, au contraire, on se sert des facilités du versant occidental, on débouche, sur le côté Sud, dans un terrain si abrupt qu'il est à peu près impossible de s'y développer. Dans les deux cas, l'élévation rapide des versants aux approches du faîte, ne permet pas qu'on ait recours à l'aide des puits, qui sont d'un si grand secours dans les travaux souterrains. Quant à vouloir rejoindre par un tunnel en pente les deux points favorables, on ne peut s'arrêter à cette pensée, lorsqu'on songe qu'on aurait alors des inclinaisous souterraines de 0,040 milimètres.

Cependant, le passage par le *Retico* offre des difficultés moins grandes et des conditions plus favorables. De tous ceux que nous avons parcourus, c'est celui qui présente les plus grandes facilités relatives. A l'altitude de 1,535 m., la longueur du tunnel ne serait que de 7,400 m. De plus, un des grands obstacles, celui de la descente sur le versant méridional, y est atténué presque complétement.

Tandis, en effet, qu'un tracé par le Lukmanier proprement dit, passant par le val de Brenno, ne peut pas se développer facilement pour arriver à Olivone en bonnes conditions, parce qu'il rencontre la partie supérieure et abrupte de la vallée du Brenno sans pouvoir utiliser celle de Camadra, le tracé par le *Retico*, descendant par la vallée de Camadra, peut entrer, au contraire, dans le val du Brenno et s'y développant sur les deux côtés, revenir vers Olivone pour s'abaisser vers le Sud et la vallée du Tessin.

Dans de semblables conditions, si nous avions à nous prononcer sur la valeur des divers passages qui nous ont arrêtés, c'est à celui-ci, qui d'ailleurs a été proposé, que nous serions amenés à donner notre préférence raisonnée.

Passage par le Saint-Gothard. — Après le passage par le Lukmanier vient celui du St-Gothard.

Le massif du St-Gothard commande la vallée de la Reuss, tournée du Sud au Nord vers le bassin du Rhin. Il est topographiquement le point milieu des passages suisses et, par Lucerne et Glaris, embrasse une grande partie de la Suisse allemande.

Sa partie alpestre commence à Altorf, dans le canton d'Uri.

D'Altorf à l'altitude de 451 m., à Wasen à celle de 835 m., la vallée par Erstfeld, Amstag, Wyler, offre une inclinaison facile; mais à partir de Wasen, le thalweg se relevant brusquement à une déclivité de 0,725 m., rend le parcours difficultueux.

A Andermatt, situé plus avant dans la montagne, 8 kilomètres après Wasen, se présente un palier de 3 kilomètres. Puis le terrain se dresse jusqu'à son point culminant, 2,114 m., à côté des lacs du St-Gothard.

De ce point, le versant Sud, sur une longueur de 6 kilomètres, descend rapidement jusqu'à Airolo, puis dans la vallée du Tessin s'adoucit à des inclinaisons normales. D'Airolo à l'altitude de 1,179 m., par Varezzo, Faido, Biasca, on arrive à Bellinzona à la cote 220 m. La développée naturelle est de 97,000 mètres.

A l'altitude de 1,000m., un tunnel aurait 30,240m., de longueur, et la développée du tracé serait de 115,540 m., dont 37,000 à obtenir artificiellement.

Ici nous abandonnons la mention d'un tracé montant jusqu'à 1,400 m., le point indiqué par la forme du col étant situé à 45 m., plus haut seulement, à 1,445 m. A cette hauteur, le tunnel à percer serait de 12,440 m. et le parcours 125,940 m., dont 75,000 à obtenir par des recherches pénibles. Le profil du St-Gothard présente identiquement les mêmes difficultés que ceux des passages précédents.

En examinant sur les cartes la configuration plane de tous ces passages, on peut d'ailleurs se faire une idée des obstacles réels qu'ils offrent, par les contours qu'affectent les routes qui sont actuellement pratiquées dans la plupart d'entre eux. Cette raison n'est certainement pas absolue et l'on ne peut pas conclure rigoureusement des conditions d'une route de montagne à celle d'un chemin de fer, ces conditions étant différentes, amènent des situations diverses, mais elle est une grande présomption.

En effet, toutes proportions gardées, là où une route se développe facilement, une voie ferrée étant soumise à des termes plus exigeants pourra se trouver difficultueuse; mais là où la route elle-même sera pénible et tourmentée, un chemin de fer doit courir grands risques d'être normalement impossible.

En allant ainsi de plus en plus vers l'Ouest, dans l'examen de ces divers passages, nous gagnons la vallée du Rhône.

Avant de nous y engager cependant, nous devons mentionner le passage par le *Grimsel*, qui a été mis en cause. Nous parlerons plus loin d'un projet par ce passage; mais ici nous l'avons mis sur la même ligne que le *Lukmanier-Grema*, et nous n'en avons pas non plus dressé le profil. Compromis entre le St-Gothard et le Simplon, il est de tous points plus désavantageux que ceux-ci et n'a pas de raison d'être déterminé.

Massif du Simplon. — Après le St-Gothard et le Grimsel, nous atteignons le troisième des groupes que nous avons distingués: celui des passages par lesquels les tracés suivent le Rhône.

Mais qu'on le remarque, car c'est là l'objet principal de la question en Italie, ces groupes commandent des vallées et des tracés qui, plus ou moins directement tournés vers le Nord, conduisent tous au bassin du Rhin.

Le massif du Simplon, dans le Haut-Valais, présente trois points de passage, dont le premier, dans l'ordre que nous avons suivi, est le col de Boccareccio.

Passage de Boccareccio. — Au Nord, tous les tracés qui se dirigent vers le massif du Simplon suivent, dans la vallée du Rhône, un parcours commun jusqu'à Brigg. C'est à ce point qu'ils se séparent.

De Brigg, à l'altitude de 702 m., la direction par le Boccareccio s'offre avec des conditions relativement faciles. Elle remonte la vallée du Rhône jusqu'à celle de Binen, qu'elle suit jusqu'au village de ce nom pour sortir dans la vallée de la Cheresca au sud. Elle passe par Greigiols, Binen, Langthat, sur le versant occidental, et par Coni, Campo, Bertonio, Crevola, sur le versant sud, pour arriver à Domo-d'Ossola, à l'altitude de 284 m., après avoir parcouru, sur le terrain naturel, une longueur de 50 kilomètres et franchi le col élevé de 2,895 mètres.

Aux altitudes de 1,000 et de 1,400 m., et à celle de 1,505 m. marquée sur le relief du sol, les tunnels à percer seraient de 23,540, 11,900 et 9,250 m. de longueur, et les développées 115,540, 134,670 et 140,090 m., dont 37,000, 67,770 et 75,840 m. à obtenir par des moyens artificiels.

Passage par le col de Fourchetta. — Après le col de Boccareccio vient celui de Fourchetta. Le passage par ce col accède, comme le précédent, à la vallée de la Cheresca au sud, mais il s'engage dans les vallées de la Saltine et du Ganther au lieu de celle de Binen.

De Brigg, la direction touche à Grund à l'altitude de 1,100 m. et au pont du Ganther à 1,410 m. sur la route du Simplon. Là, la montagne se relève jusqu'à une hauteur de 2,990 mètres. Sur le versant sud de la montagne, la ligne redescend par Al Ponte, joint la direction précédente à Campo à l'altitude 1,337 m. et continue la descente par Bertonio à 610 mètres, et Crevola jusqu'à Domo-d'Ossola, après s'être étendue sur 57,700 mètres.

Par ce passage, les tunnels à 1,000 et à 1,400 m. (cette dernière hauteur étant aussi celle qui est déterminée par le terrain) auraient 17,300 m. et 8,800 mètres. La développée serait de 109,300 et 131,220 mètres, dont 37,000 et 67,770 à chercher.

Ainsi qu'on le voit, les diverses longueurs des tracés par ces deux passages diffèrent peu. Mais le dernier offre sur le précédent deux notables avantages. D'abord, selon la configuration du sol, à une moins grande hauteur, il comporte un tunnel plus court ; ensuite, il permet des développements dont l'autre ne possède pas les facilités.

Pour atteindre de Brigg (702 m.) l'entrée nord du souterrain à 1,400 m. au pont du Ganther, on peut, en effet, remonter la vallée du Rhône jusque vers Moret par un développement constamment ascensionnel. Puis, après avoir rejoint la vallée du Ganther et passé sous les hauteurs de Fourchetta, en sortant du souterrain sur le versant sud, au-dessous de Campo, dans la vallée de la Cheresca, on peut descendre cette vallée sur le côté gauche, ainsi que celle de la Doveria qui lui fait suite, et tournant le promontoire au-dessus de Crevola, on a la facilité d'entrer dans la vallée du Tecio chercher la développée nécessaire pour revenir au-dessous de Crevola et atteindre Domo-d'Ossola.

On aurait ainsi, entre Brigg et Domo-d'Ossola, une longueur naturelle de 66,640 m., permettant tous les développements nécessaires, impossibles à trouver au Boccareccio.

Sans nous dissimuler les difficultés de ce tracé succint, il nous semble offrir des conditions plus favorables que les tracés par le passage précédent et aussi par le suivant.

Du massif du Simplon, c'est celui qui s'offre dans la meilleure situation.

Passage par le Simplon. — La direction par le Simplon proprement dit, est celle qui longe la route établie sous le premier Empire. Elle franchit le sommet du col à 2,020 m., et atteint Domo-d'Ossola, en touchant Algaby, Gundo, Bertonio et Crevola, dans la vallée de la Doveria, après un parcours total d'une longueur, en terrain naturel, de 45,500 mètres.

Aux altitudes de 1,000 et de 1,400 m., les tunnels auraient 20,160 m., et 10,300 m. de développée ; les tracés d'une longueur de 112,160 m. et 133,070 mètres, dont 37,000 et 67,770 m. à obtenir artificiellement.

Nous avons porté à 1,100 m. l'altitude que détermine, pour la percée souterraine, la configuration du sol. Avec une inclinaison naturelle de 0,083 m/m, il est déjà difficile de s'élever jusque là ; il serait impossible de s'élever plus haut. A cette hauteur, un tunnel aurait 17,480 m., longueur qui, du reste, a été admise dans un projet présenté pour le même passage et que nous examinerons ultérieurement. La développée du tracé serait de 117,160 m., dont 44,690 à chercher par des expédients.

Dans les trois variantes inégales du massif du Simplon, il faut ajouter à la longueur des profils que nous avons donnés 51 kilomètres, c'est-à-dire la distance de Domo-d'Ossola à Arona.

Massif du Grand-St-Bernard — Si, après le massif du Simplon, nous continuons à considérer l'aspect de la vallée du Rhône, du Weiss-Thorn et du Mont-Rose à la Dent du Midi et au glacier Portalet, dans sa partie la plus épanouie, un point frappe à première vue. Par la largeur et l'heureuse solidarité des vallées qui y accèdent, il s'offre dans une position si favorable, qu'il a fallu, ce semble, pour ne pas au moins le signaler, des motifs préconçus.

C'est, entre les monts Dolent et Velan, le massif du *Grand-St-Bernard*, du col de Fenêtre à celui de Menouve.

A côté de lui s'étendent, inabordables, les glaciers du Mont-Combin, d'Otemma et du Matterhorn, vastes espaces qui ne descendent pas au-dessous de 3000 m. et forment, entre les versants de la chaîne alpestre, de larges plateaux aux abords desquels n'approchent que des vallées torrentueuses et impossibles. Le Grand-St-Bernard, au contraire, ne présente aucun glacier important et le faîte en est nettement accentué ;

Il est le dernier des lieux de passages alpins-italo-suisses, et forme le quatrième de nos groupes. La direction va du Nord au Sud et réciproquement, parallèlement à celle du St-Gothard. En même temps comme elle rejoint, à Martigny, la direction par le Simplon et suit, à partir de ce point, exactement le même parcours, elle se substitue complètement à cette dernière.

Le massif du Grand-St-Bernard présente quatre cols et par conséquent quatre variantes qui toutes ont pour points extrêmes, Martigny, en Suisse, et Aoste, en Italie. Elles gravissent sur le versant Nord la vallée d'Entremont et ses affluents, traversent les cols de Ferret et de Fenêtre au sommet du val d'Isert, et les cols du Grand-St-Bernard proprement dit et de Menouve au sommet de la vallée principale d'Entremont. Elles descendent sur le versant Sud par les vallées de Courmayeur, de St-Remy, d'Etroubles et du Buthier, jusqu'à celle de la Doire Baltée.

Des routes actuellement existantes et récemment établies, dont les travaux et l'assiette peuvent guider avec certitude en présentant une expérience acquise, circulent dans ces vallées, de Martigny jusqu'à Prox au Nord et d'Aoste à St-Remy au Sud.

Mais ces variantes ne réunissent pas, il s'en faut, de semblables conditions de facilités au point de vue de l'exécution et de l'exploitation. Cependant nous avons cru devoir les présenter toutes, afin de montrer qu'aucune de leurs combinaisons ne nous a échappé.

Passage par le col de Ferret. — Se soudant, à Martigny, à la ligne établie du Bouveret à Sion, un tracé par ce passage quitterait, comme les trois autres, la station actuelle de la ligne d'Italie vers l'altitude 469m50. Il tournerait autour de Martigny-la-Ville; puis, laissant le bourg à gauche, irait traverser la Dranse, passerait derrière les villages de La Croix et du Brocard, et se tenant toujours en flanc du côteau sur la gauche de la rivière, la franchirait de nouveau un peu au-dessus du pont actuel de la route, après avoir touché à Bovernier.

De là, gagnant Sembrancher, entre deux nouvelles traversées de la Dranse valaisanne, il s'élèverait en laissant Orsières à gauche, passerait la Dranse d'Issert au-dessous du village du même nom, et par Seiloz et Folly, irait atteindre les châlets de Ferret, point de bifurcation des deux directions par les cols de Ferret et de Fenêtre

Il semblerait encore que par cette direction, au lieu de se porter vers Bovernier, on pourrait se maintenir sur la rive gauche de la Dranse et tourner le Mont-Catogne, puis se tenir sur les flancs de celui-ci, à peu près parallèlement au parcours précédent et à une plus grande hauteur, pour arriver à le rejoindre au point de bifurcation des châlets de Ferret. Mais cette combinaison est peu praticable. Ce terrain du Mont-Catogne sillonné d'avalanches, déchiré par des éboulements et laissant saillir des pointes de rochers qu'il faudrait percer, ne permet pas d'asseoir une voie avec sécurité.

Si de Sembrancher on continuait le premier parcours, en se dirigeant vers Vollége et le Châble, puis qu'on revint du côté de Chamoille et de Reppaz pour traverser la Dranse d'Entremont et atteindre le musoir de Mottaquet, au-dessus de la réunion des deux Dranses, on augmenterait utilement ainsi le parcours et on pourrait se tenir à une inclinaison normale. Mais après être arrivé jusqu'à Reppaz en de bonnes conditions, on aurait à traverser la Dranse à une hauteur considérable et le musoir de Mottaquet, ainsi qu'une grande longueur du parcours commun avec le précédent pour atteindre le point de bifurcation, présentent un terrain analogue à celui du Mont-Catogne.

Quelque combinaison qu'on imagine, ce parcours septentrional du passage par les cols de Ferret et de Fenêtre est donc très-difficultueux.

A partir de la Folly, à l'altitude de 1,597 m., la montagne se relève rapidement vers le premier de ces deux passages jusqu'à une hauteur de 2,492 m. Par Praz-Sec et Courmayeur, jusqu'à Aoste, le parcours méridional se présente dans des conditions moins tourmentées. La développée totale suivant les thalwegs est 82,500 mètres.

Aux altitudes de 1.000 et de 1,400 mètres, et à celle de 1,597 m. marquée par la forme du col, les tunnels à percer auraient 31,210, 18,510 et 12,590 mètres et les développées seraient d'une longueur de 86,810, 96,500 et 105,740 m., dont 11,150, 33,540 et 48,700 m., devraient être cherchés artificiellement.

Passage par le col de Fenêtre. — Par ce passage, le parcours sur le versant Nord serait, nous l'avons vu, identiquement le même que par le précédent; mais sur le versant méridional il diffère.

Après avoir franchi le col d'une hauteur de 2,699 mètres, sa direction suit par Praz-d'Arc, St-Rémy, Etroubles et Gignod, jusqu'à Aoste, à l'altitude de 600 m., les vallées de St-Remy et du Buthier plus rapides que celles de Courmayeur et de la Doire supérieure. La développée naturelle par les thalwegs est de 62,000 m., plus courte de 20 kilomètres que la précédente.

Aux altitudes de 1,000 et de 1,400 m., et à celle de 1,870 que détermine la configuration du col, les tunnels auraient 32,410, 19,680 et 6,660 m., et les tracés 71,240, 89,290 et 112,420 m., dont 20,380, 51,160 et 87,310 m., seraient à obtenir par des développements artificiels.

Passage par le Grand-St Bernard. — Continuant notre examen, nous arrivons enfin au passage par le Grand-St-Bernard et la vallée d'Entremont, que nous présentons en dernier lieu, parce qu'il forme [illegible]olution de notre étude.

Partant toujours de Martigny, comme les deux directions précédentes, celle du Grand-St-Bernard, suivant dans toute sa longueur la vallée d'Entremont, passe par les bourgs de Bovernier, Sembrancher, Orsières, Liddes et St-Pierre, pour atteindre, à l'altitude de 1800 m., à Prox, le point où se dresse le faîte de la montagne jusqu'à 2860 mètres.

L'hospice est à une hauteur de 2470 m. Du sommet, par une pente abrupte, la direction méridionale du passage traverse St-Rémy, dans la vallée du même nom, et, par Etroubles et Gignod, dans la vallée du Buthier, gagne Aoste à une altitude de 600 m. La développée du terrain naturel ainsi parcouru est de 64 kilomètres.

A 1000, à 1400 et à 1800 m., point marqué par la forme du profil, les tunnels à percer auraient 33810, 20490 et 6600 m. Les longueurs des tracés seraient de 72640, 90100 et 106970 m., dont 20380, 51160 et 81920 m., à obtenir par des moyens artificiels.

Passage par le col de Menouve. — Si, après avoir parcouru la direction nord que nous venons d'esquisser, arrivé à 1800 m. de hauteur, on montait devant soi au lieu d'incliner à l'ouest, vers le Grand-St-Bernard, on franchirait alors le col de Menouve qui s'élève à une altitude de 2776 mètres.

Le trajet septentrional est, disons-nous, le même que le précédent; mais sur le versant sud, le parcours change dans sa partie la plus haute. A Etroubles, seulement, il rejoint la direction méridionale du Grand-St-Bernard.

Par Menouve, la développée du terrain, selon les thalwegs, est de 60 kilomètres, moins longue que la précédente de 4 kilomètres. Mais, entre les deux directions il existe une différence plus grande que cette minime réduction de longueur, c'est celle des tunnels.

Aux altitudes de 1000, de 1400 m. et à 1800 m., hauteur que détermine le terrain, les percées à pratiquer auraient 30410, 17780 et 5800 m. seulement. La longueur des tracés serait de 69240, 87390 et 101500 m., dont 20380, 51160 et 17250 m., à chercher artificiellement. Ces quantités sont sensiblement égales à celles du passage par le Grand-St-Bernard proprement dit.

Au massif du Grand-St-Bernard, qui domine la frontière de France, finissent les passages alpins-italo-suisses.

En donnant, ainsi que nous le faisons, les profils (voir planche n° 2), et la description des divers passages qui, jusqu'ici, n'ont pas été aussi complétement produits et comparés, nous mettons sous les yeux qui nous lisent les éléments même d'un travail propre d'ensemble et de recherches. Nous facilitons à l'appréciation étrangère, s'exerçant ainsi, en toute connaissance de cause, le jugement des conclusions pratiques auxquelles nous sommes nous-mêmes arr[illegible].

Parvenus à ce terme, et ayant examiné, ainsi que nous venons de le faire, tous les passages alpestres, du Septimer au Mont-Blanc, si nous considérons maintenant l'ensemble de la question, nous voyons se confirmer, après ces détails, les conclusions auxquelles nous étions arrivés dans la discussion pratique et générale.

Lorsqu'à l'altitude de 1000 m., les souterrains à percer seraint compris entre 37 et 20 kilomètres de longueur; lorsqu'à l'altitude de 1400 m., ils s'étendraient de 22 et 11 kilomètres, est-ce par des esprits compétents que peut-être pris au sérieux ce système si facilement dénommé: *système des tracés bas ?*

Comme nous l'avons déjà dit, dans l'établissement des voies ferrées alpestres, l'inévitable tunnel à pratiquer sous le sommet des montagnes de passage, est la difficulté capitale de l'entreprise. C'est celle par conséquent qu'il faut s'attacher surtout à réduire. L'on ne peut pour cela se retrancher dans aucun système.

Au nom de l'économie dans l'exploitation, tracer sur le flanc des montagnes alpestres une ligne basse qu'on ne devrait pas franchir, ce serait se heurter à des impossibilités certaines et constantes, en vue d'un résultat problématique ou erroné.

Pour tenter, à quelque hauteur que ce soit, des tunnels de 20000, 15000 et même 12000 m., il faut peu connaître la nature des travaux souterrains. Des économistes sérieux reculeront devant de semblables entreprises, dont la dépense serait une charge à perpétuité; des constructeurs ne les aborderont même pas.

Le travail du Mont-Cenis est le point de départ de tous les auteurs de projets à longs tunnels. Or, depuis dix ans qu'elle fait cette expérience longue, pénible et dispendieuse, l'Italie recommencerait-elle une œuvre, qui, nous l'espérons, sera terminée, mais devant laquelle, cependant, bien des esprits sérieux se posent encore actuellement un point d'interrogation et qui d'après les plus grandes probabilités, a déjà absorbé 30 ou 35,000,000 de francs, sans être parvenu à la moitié de sa longueur.

La raison technique et la raison financière dictent évidemment à l'Italie une réponse négative.

D'ailleurs, en dernière analyse, partisans et adversaires des divers systèmes imaginés avec plus ou moins de fondement, tous arrivent à confesser cependant, qu'il est plus économique et plus prompt, pour l'établissement des chemins alpestres, de s'élever autant qu'on le peut, là où cela est possible. C'est, en effet, le seul moyen d'amener la difficulté (la traversée souterraine) à ses proportions les plus réduites.

S'il est impossible de s'élever, on est obligé à un souterrain considérable, qui peut être ou n'être pas praticable, mais qui sûrement ne doit pas être présenté comme le résultat d'un libre choix.

Si, au contraire, l'ascension est possible, la seule limite qui puisse arrêter sa marche ne doit-elle pas être uniquement marquée sur le versant des montagnes par les points à partir desquels la sécurité et les conditions normales d'une bonne exploitation de chemin de fer seraient compromises? Or, ces points varient évidemment suivant les formes diverses des différents cols de passages et leur exposition. Ce sont là, clairement, les seuls termes auxquels il faille se soumettre, et l'examen des passages, suivant leur configuration, est le seul qu'il soit utile de faire en dernier ressort.

Qu'à ce point de vue, le seul vrai, l'on considère donc les profils et le tableau que nous avons donnés pour les divers passages (voir planches n°s 2, 3 et 5), l'on remarquera immédiatement que le groupe du Grand-St-Bernard est celui qui permet de s'élever à la plus grande hauteur et qui présente les moins longs souterrains, parmi lesquels celui du col de Menouve est encore le plus court. Si, par conséquent, nous avons bien posé, pour chacun des passages, la hauteur extrême jusqu'où il est praticable, et qui détermine l'entrée forcée en tunnel le passage qui permettra, et le parcours le plus élevé et le souterrain le moins long, paraîtra devoir être le plus avantageux. De là, nous avons été conduits à conclure techniquement pour le col de Menouve.

En portant un regard attentif sur l'ensemble de la Suisse et de la Haute-Italie, on se rend compte et l'on arrive à se convaincre qu'il devait en être ainsi, et que, de ce côté, devait se trouver la meilleure solution pratique des passages alpins-italo-suisses.

En effet, la configuration des sommets de la plupart des passages étant un angle à côtés plus ou moins écartés, la longueur des tunnels destinés à relier les versants dépend de la hauteur plus ou moins grande à laquelle ceux-ci permettent qu'on s'élève. Or, c'est à l'extrémité ouest de la Haute-Italie que le relief du sol offre, à cette ascension, les plus grandes facilités. Et ce qui, tout d'abord, atteste l'heureux épanouissement, l'adoucissement des formes, et l'exposition particulièrement favorable de cette partie occidentale des Alpes, c'est l'aspect de la vallée d'Entremont qui conduit au passage par le Grand-Saint-Bernard (le versant nord, plus difficile, doit surtout nous occuper). Cette vallée est, en effet, de toutes les vallées que nous avons examinées, la plus habitée d'une façon continue et non interrompue jusqu'à la plus grande hauteur.

De l'ouest à l'est, le profil de la Haute-Italie peut être, approximativement, donné par le terrain de la vallée du Pô, qui, entre l'Apennin et les Alpes-Helvétiques descend doucement de la chaîne demi-circulaire des Alpes-Cottiennes, vers l'Adriatique. Sur tout le parcours nord de ce grand fleuve, des vallées perpendiculaires et affluentes, entr'autres celles de l'Adda et du Tessin, relient le sol qu'il sillonne aux sommets alpestres-italo-suisses, par des inclinaisons plus ou moins abruptes.

Réservoir de tout le système hydrographique de l'Europe centrale, le terrain de la Suisse est le plus élevé de ce continent. Comme on peut le voir par nos profils et par l'examen des cartes de l'état-major des deux pays, en même temps que la réflexion le fait comprendre, la différence de niveau entre le sol helvétique et celui des plaines lombardes est considérable.

Elle l'est d'autant plus que celles-ci s'abaissent davantage vers l'orient, et d'autant moins, au contraire et conséquemment, que ces plaines se relèvent vers l'occident, du côté des hauteurs alpestres. Du Mont-Blanc jusqu'au Septimer, sur des longueurs et à partir d'altitudes sensiblement égales, les vallées et les versants méridionaux de la chaîne des Alpes sont donc généralement plus abrupts à mesure qu'ils sont situés plus à l'orient.

C'est bien, en effet, cette configuration qui nous est apparue dans l'examen des divers passages que nous avons considérés. Du Septimer jusqu'au St-Gothard, les parcours sur le versant nord, avec des facilités diverses sont, en général, relativement et aisément praticables. Mais le versant sud présente, presque partout, des difficultés d'inclinaisons qui touchent à l'insurmontable.

Le Simplon s'offre dans des conditions meilleures. Déjà, la différence des deux niveaux, italien et suisse, diminue.

Au massif du Grand-St-Bernard, la régularité du profil des deux versants est nettement accentuée. Aux pieds de la montagne, à peu près à égale distance horizontale de son sommet, le niveau de la Suisse est sensiblement le même que celui de l'Italie; et, des deux points extrêmes, les versants se relèvent à des déclivités analogues qui donnent au nord et au sud, un relief régulièrement incliné, parfaitement propice, si des développements y sont possibles.

Or, cette possibilité existe en d'excellentes conditions. A la configuration favorable du relief du massif du Grand-St-Bernard se joignent, comme pour plusieurs autres passages et notamment pour le Lukmanier-Rético où nous les avons signalées, des facilités de développements que présente la solidarité particulièrement avantageuse des vallées voisines.

Nous touchons ici aux moyens de passage et aux projets.

De même que nous avons examiné la topographie des diverses directions, ce qui nous a conduits à la conclusion à laquelle nous sommes parvenus, nous allons faire maintenant une revue des différents tracés et projets déjà présentés par d'autres auteurs, pour la traversée des Alpes en chemin de fer par ces passages. Après l'étude et la comparaison du terrain, celle des travaux proposés.

CHAPITRE V.

Examen des divers projets de passage des Alpes

Presque tous les passages que nous avons signalés ont donné lieu à des projets depuis que la question des chemins de fer alpestres est à l'ordre du jour. Les conditions de ces projets sont fort diverses. Tous les essais s'y produisent. Mais, par suite de l'importance des relations qui emploieront les voies ferrées alpestres, l'exploitation demande forcément à être faite à grande vitesse et dans les termes de rapidité régulière et sûre des lignes ordinaires. Il est donc indispensable que la voie offre des conditions essentielles d'assiettes, de courbes et d'inclinaisons, d'établissement enfin, et des garanties analogues, autant que possible, à celles des chemins de fer actuellement en activité et consacrés par l'expérience. C'est là, nous le répétons, un critérium dont il serait hasardeux de s'écarter, et qu'il ne faudrait laisser fléchir que si, dans toute leur longueur, les Alpes-Helvétiques n'offrant aucun passage qui permît qu'on s'y conformât, contraignaient partout à des innovations radicales. Or, telle n'est pas, heureusement, la situation.

Septimer. — En présence des difficultés pratiques qu'offre le passage par le Septimer pour une voie ferrée ordinaire, un ingénieur italien, M. Agudio, a proposé un projet basé sur l'invention d'un nouveau mode de traction.

Pour établir son tracé dont la longueur est de 91 kilomètres et qui comporte un tunnel de 14900 mètres, entre Molins et Cavril, à l'altitude de 1461 mètres, il a recours à des inclinaisons de 0,035 et même de 0,045 m/m, et créé un chemin de fer hydraulique. Le cours régulier et continu d'une chute d'eau imprimerait le mouvement. Ce système est établi sur le système du halage du train par lui-même à l'aide d'un câble. Ce halage n'est pas opéré par une locomotive en marche, il est effectué par un wagon locomoteur d'une construction particulière, dont les poulies motrices sont mises en mouvement par deux moteurs agissant aux deux extrémités du plan incliné, au moyen d'une corde sans fin et d'un mécanisme semblable au moufle différentiel. La corde d'adhésion ne fait que s'enrouler et se dérouler; par contre, la corde motrice va plus vite que le train.

Ces conditions nouvelles sont, pour nous, la condamnation même du passage. Nous ne nous arrêtons pas à l'idée d'un souterrain de 15 kilomètres, à l'altitude de 1460 m. Mais, à priori, quelle peut être la valeur de ce nouveau système de traction? En supposant qu'un moteur hydraulique puisse être de quelque secours pour l'accès des hauteurs, quel résultat réellement efficace peut-on attendre à des inclinaisons de 0,035 et de 0,045 m/m, comme celles qui sont projétées, lorsque dans ces conditions la vapeur même, le plus puissant et le plus maniable des moyens de traction connus, serait presque insuffisante dans l'état actuel du matériel des chemins de fer?

Aussi, tout en se ralliant à ce projet, la commission milanaise de 1861, qui opta pour le passage par le Septimer, y apporta, dans les inclinaisons, une modification dont le but tendait à éviter cette invention hydraulique. Cette modification faisant rentrer le tracé dans des conditions plus normales, augmente sa longueur et la porte de 91 à 127 kilomètres. Mais en améliorant ainsi l'exploitation, et d'impraticable, la rendant rigoureusement possible, ce changement vient se heurter contre un autre obstacle dans la construction de la voie qu'il suppose. Car, s'il est déjà si difficile d'obtenir une développée de 91 kilomètres, que l'ingénieur Agudio soit obligé d'avoir recours à des inclinaisons de 0,045 m/m, comment fera la commission pour obtenir un développement de 127 kilomètres? Il y a là contradiction. Ces considérations purement techniques ne sont pas, d'ailleurs, les seules qui infirment le passage par le Septimer. La situation géographique élève contre lui d'autres raisons.

La ligne du Brenner, de Venise à Inspruck par Vérone, qui doit être terminée en 1867, desservant le Tyrol et la Bavière, empêchera toute extension orientale d'un chemin de fer alpestre établi dans son voisinage. Vers l'est, le champ serait aussi limité par la concurrence des autres passages, tels que le Splugen, le Lukmanier, etc.

De plus, projetée exclusivement au point de vue économique des intérêts milanais, la traversée du Septimer subordonne complétement Turin, et sacrifie Gênes à Trieste ou à Venise.

Splugen. — Ainsi que nous l'avons dit, après avoir été proposé par le ministre autrichien, Bruck, et repoussé par l'Italie, ce passage a été présenté par la commission italienne de 1860.

Il a aussi donné lieu à des projets particuliers des ingénieurs italiens, MM. Quadrio, Tatti, la Nicca et Ponzetti.

A part la question d'invention hydraulique qui n'est pas en cause ici, au passage du Splugen s'appliquent les mêmes raisons pratiques et économiques qui militent contre le Septimer. La situation rapprochée de ces deux passages fait comprendre la première similitude, et la proposition autrichienne vient établir la seconde, en même temps qu'elle en renforce l'importance et la réalité.

San-Bernardino. — Le passage par le San-Bernardino qui n'est qu'une variante du Splugen, au point de vue méridional surtout, a aussi donné lieu à un projet qui a été pris en considération par une des commissions gouvernementales.

La dépense moyenne d'établissement qu'estiment tous ces projets est d'environ 90,000,000 de francs.

Mais, après avoir été accueillis diversement par l'opinion, les idées qui se rattachent à ces trois passages n'eurent jamais beaucoup de résultat. Elles furent toujours spécialement soutenues par la ville de Milan, qu'elles favorisent particulièrement et même exclusivement. Mais elles ne purent rattacher efficacement les intérêts italiens occidentaux, dont la coopération était nécessaire à leur réussite. Milan seule était impuissante; les forces de la Suisse sont très-limitées, et l'Autriche, première promotrice de ces directions, n'avait plus à s'en inquiéter pour deux raisons: la première, le changement de sa position politique en Italie; la seconde, l'établissement de la ligne du Brenner.

Groupe du Lukmanier. — Il en fut autrement du groupe du Lukmanier. Dès que la pensée d'employer ce passage fut émise pour la première fois, les projets auxquels il donna lieu se succédèrent. Et chacune des trois directions qu'il présente fut l'objet d'un tracé.

M. l'ingénieur Wetli a présenté deux projets par la Greina. L'un, dit projet supérieur, comporte un souterrain de 10 kilomètres environ, à l'altitude de 1347 m.; l'autre, dit projet inférieur, un tunnel d'au-moins 20 kilomètres, à l'altitude de 965 mètres. La longueur totale du premier tracé serait, entre Camerlata et Coire, de 210 kilomètres, soit 269 entre Bellinzona et Coire, avec une inclinaison maxima de 0,025 m/m. La longueur du second tracé serait de 249 kilomètres à la même déclivité.

Le projet inférieur est celui qui réunit le plus d'approbations et qui fut particulièrement préconisé par son auteur, partisan déclaré de ce système. L'estimation s'en élève à 158,000,000 de francs.

La commission milanaise qui prit ce travail en considération, comme tous ceux qui eurent pour objet les passages orientaux, y apporta quelques modifications Un souterrain de 20 kilomètres et une dépense de 158,000,000 de francs, lui semblèrent difficiles à admettre. Par ces modifications, la longueur du tracé fut réduite à 112 kilomètres de Coire à Bellinzona, celle du souterrain à 12 kilomètres, à la culmination de 1300 m. et l'estimation fut portée à 87,000,000 de francs.

Mais, ici encore, de même que dans le projet par le Septimer, il y a une contradiction et une erreur, soit dans le projet Wetli, soit dans la modification milanaise, à moins qu'elle ne soit des deux côtés. Quelles inclinaisons la commission donnera-t-elle à son tracé, pour qu'il n'y ait que 112 kilomètres de longueur, alors que l'ingénieur Wetli trouve une développée de 250 kilomètres, en admettant des déclivités de 0,025 m/m? Il n'est pas possible de gagner 138 kilomètres, sans accepter des inclinaisons impraticables.

C'est pour éviter les difficultés que présente le parcours par la Greina, que M. l'ingénieur Giles, attaché à la grande maison anglaise Brassey, proposa le passage par le val Cristallina ou le Retico. Le tracé de ce projet comporte un souterrain de 13200 mètres, à l'altitude culminante de 1250 m.; il est d'une longueur de 145 kilomètres entre Coire et Bellinzona, et son estimation s'élève à 86,000,000 de francs.

Un nouveau système mécanique, dit système Tell, émané de la même maison Brassey, fut aussi produit pour ce passage. Par ce système on obtient dans la locomotive une augmentation d'adhésion sur rails et par conséquent de puissance de traction, au moyen de roues horizontales, accouplées par de solides ressorts et agissant contre un troisième rail placé au milieu de la voie. Ce système est celui qui va être mis en pratique sur le chemin de fer provisoire de St-Michel à Suse, par la route du Mont-Cenis.

D'après ce que nous avons dit dans l'examen topographique de ce passage, il nous semble cependant que le Retico eût pu être franchi dans de meilleures conditions. Le point auquel nous portons l'entrée en tunnel est marqué sur le versant nord à l'altitude de 1535 m., et sur le versant sud, où le débouché souterrain rencontre une configuration plus abrupte, les moyens existent de s'étendre et de tourner la difficulté des développements. En s'élevant donc à cette hauteur de 1535 m., le souterrain à percer n'eût été que de 7400 m., amélioration qui compense bien au-delà un allongement de parcours de 9 kilomètres qu'amènerait cette élévation plus grande. Mais ici, comme pour d'autres projets, s'est exercée l'influence de l'expérience mal comprise, selon nous, qui se fait au Mont-Cenis.

Deux ingénieurs, MM. Michel et La Nicca proposèrent, séparément, le passage par le Lukmanier proprement dit.

M. Michel, directeur en 1860 des chemins de fer de l'Union Suisse, émit d'abord l'idée de passer à ciel ouvert ce col, le moins élevé de tous ceux de la chaîne alpestre. Mais ce projet fut, avec raison, promptement abandonné. Un second, du même auteur, qui fut pris en considération par la commission milanaise, est établi dans des conditions plus favorables et plus normales.

Par ce nouveau tracé, M. Michel s'élève à l'altitude de 1832 m., où il perce un tunnel de 5300 m., praticable dans toute sa longueur, à l'aide de puits. A partir de l'altitude de 1400 m., la voie qui a 166 kilomètres en totalité, est couverte sur 31700 mètres. L'estimation de la dépense du travail s'élève à 64,000,000 de francs.

De tous ceux que nous avons passés en revue jusqu'à présent, ce projet nous paraît être conçu dans les termes les plus avantageux et les plus logiques. C'est celui qui, s'élevant le plus haut, comporte et le souterrain le moins long et la dépense la moins considérable. Son auteur mettant, comme nous, toute idée systématique de côté, se pose nettement en face du terrain et ne se laisse guider que par la configuration qu'il présente.

Mais ces idées, appliquées au passage par le Retico, eussent, nous le croyons, conduit à un tracé meilleur encore. Par le Retico, en montant à 1535 mètres seulement, c'est-à-dire à une hauteur moindre de 300 m. que celle du projet de M. Michel, cet ingénieur eût obtenu un tunnel plus long que le sien de 2 kilomètres, mais une diminution de parcours de 23 kilomètres, et par suite aussi, de couverture de la voie. En outre, et c'est là l'avantage capital qu'offre la direction par le Retico, le parcours méridional servi par les développements possibles dans le val de Campo, est dans des conditions beaucoup plus favorables que le parcours méridional par le Lukmanier.

En résumé, les données excellentes du projet de M. l'ingénieur Michel, transportées au passage par le Retico, eussent, à notre sens, produit le meilleur de tous les passages orientaux que nous avons signalés, de Coire à Bellinzona, le long de la vallée du Rhin.

Le projet La Nicca comporte, à l'altitude de 1616 mètres qui est celle que nous avons nous-mêmes marquée comme étant indiquée par la configuration du terrain, un tunnel de 14500 m. Ce tunnel est sans doute en ligne droite, c'est ce qui explique la différence entre sa longueur et celle de 17790 m. que nous donnons à cette hauteur et qui est celle d'un tunnel dont, en plan, le tracé serait courbe. Mais, pour cette diminution de longueur, on se heurte à une difficulté considérable; celle de ne pouvoir ainsi recourir à l'aide des puits.

Mais, par les raisons que nous avons indiquées précédemment, et aussi par une pression des intérêts ou plutôt des efforts d'une partie de la Suisse, ces directions orientales ont fini par être écartées pour faire place à celle du Saint-Gothard qui est actuellement la plus en faveur.

Saint-Gothard. — Le passage par le Saint-Gothard est appuyé par les compagnies de l'Union Suisse, et un comité spécial, dit comité officiel du Saint-Gothard, le pousse en avant.

Nous parlerons plus loin de la situation économique de ce passage, par rapport à la Suisse et aux autres pays intéressés. Mais, tout d'abord, nous pouvons dire que pour la Suisse elle-même, et pour la Suisse surtout, une ligne médiane comme celle du Saint-Gothard, et d'un établissement coûteux, serait beaucoup moins avantageuse que deux lignes extérieures, l'une à l'ouest, l'autre à l'est. A cette ligne unique, les chemins étrangers les plus rapprochés, depuis longtemps établis, enlèveraient une grande partie du trafic que les deux autres absorberaient naturellement, et dont le pays parcouru se trouverait le premier à profiter.

Aux frais de plusieurs cantons suisses, M. l'ingénieur Wetli a élaboré et proposé, pour le Saint-Gothard, comme pour la Greina, deux projets; l'un à long souterrain, l'autre à souterrain plus court.

Le tracé de ce dernier projet, d'une longueur de 140 kilomètres entre Altorf et Bellinzona, comporterait un tunnel de 9800 m. seulement. Mais il n'a pas été agréé par le comité. Celui-ci patronne le tracé inférieur modifié par deux experts, MM. Beckh et Gerwig. C'est donc de ce dernier spécialement que nous nous occuperons.

Notons toutefois, en passant, un projet Pressel, d'une longueur de 113 kilomètres, comportant un tunnel de 16000 mètres, à l'altitude culminante de 1218 m., et ayant recours à cinq développements en spirale.

Le tracé inférieur Wetli modifié, partant de Fluelen, suit d'abord la rive droite de la Reuss jusqu'à Erstfeld. Là, toujours du même côté, il continue à se développer sur 7 kilomètres jusqu'à Amstag et jusqu'à la tête septentrionale du tunnel, avec une inclinaison qui varie de 0,015 à 0,026 m/m. A Amstag, il traverse le torrent et en suit la rive gauche pour revenir au nord à Gurtnellen, après un double rebroussement. A Gurtnellen, la station se trouve sur la pointe d'un rebroussement nouveau.

Revenant sur lui-même, le tracé continue par Wasen, franchit quatre fois la Reuss et s'engage dans la petite vallée de Goeschenen, un peu au-dessous d'Andermatt. De là, après un double rebroussement suivi d'un nœud complet, il atteint, à l'aide d'un contour en quart de cercle, la cote 1215 m., entrée nord du souterrain. La longueur parcourue est de 45500 m. Sur ces 45 kilomètres, 21 sont à la déclivité de 0,026 m/m, et le plus grand nombre des rayons de courbe est inférieur à 500 m. Les travaux d'art, sur ce versant nord, sont quatorze souterrains d'une longueur de 2400 m., six grands viaducs, dont le plus grand sur la Reuss, à l'embouchure de la vallée de Goeschenen, aurait 345 m. de longueur.

Le souterrain culminant est long de 15400 m. en ligne droite. Sur cette longueur, 7 kilomètres sont en rampe, 240 m. au milieu en palier, et le reste en pente à une même inclinaison de 0,018 m/m. On pourrait l'attaquer par deux puits sur le versant septentrional, et sur l'autre, au moyen d'une galerie inclinée de 1800 m. de long, à 0,025 m/m.

Débouchant du tunnel à la hauteur de 1199 m., un peu au-dessus d'Airolo, le tracé décrit dans la vallée du Tessin un arc de cercle complet. Il traverse le Tessin dont il côtoie la rive droite sur 3 kilomètres, puis revient sur la rive gauche, et descend jusqu'aux environs de Faido, en faisant un double rebroussement un peu au-dessus de ce village. De là, il continue du même côté du Tessin et passe à Giornico, en faisant un nouveau double rebroussement pour arriver enfin, par Biasca à Bellinzona. A Polleggio, un peu avant Biasca, il se lie au réseau dit Tessinois, concédé à une compagnie anglaise.

Sur le versant sud, le parcours est de 44800 m., dont 30000 à la déclivité de 0,020 m/m; les rayons de courbe varient de 600 à 300 m. Les travaux d'art consistent en onze petits souterrains mesurant ensemble 1280 m. En outre, on compte six viaducs, et une série de ponts de 12 à 15 m. d'ouverture.

Le tracé total de Fluelen ou Altorf à Biasca est donc de 105300 m. En y ajoutant 40 kilomètres pour relier Fluelen à Zug, on arrive à un tracé de 145 kilomètres, dont le coût d'établissement est porté à 175,000,000 de francs.

Trois raisons infirment, suivant nos principes, ce projet et par conséquent ce passage.

D'abord, l'expédient précaire et dangereux des rebroussements auquel il a recours sur sept points. Puis, la longueur du souterrain. Enfin, la dépense qui est la plus considérable de toutes celles présumées pour l'établissement des passages alpins-italo-suisses.

Mettant à part les conditions techniques de ce passage, qu'il suffit d'énoncer pour qu'on voie combien elles sont défavorables, et laissant de côté sa situation économique désavantageuse, comment trouver cette somme énorme de 175,000,000? D'après le calcul annexé au rapport des experts, il serait nécessaire, d'abord, de réaliser une somme de 60,000,000 de francs, subvention sans intérêts, payée d'avance. Cette somme nécessaire a même été plus récemment portée à 80,000,000.

La Hesse, le duché de Bade et la Prusse, a-t-on dit, en réunion à Berlin, s'occupaient de la question du St-Gothard. Les deux premiers états, secondaires, sont bien faibles; la Prusse est plus puissante, mais elle est plus éloignée, et des affaires d'une autre importance l'occupent en ce moment.

Pour réunir ces 80,000,000 une combinaison a été imaginée, par laquelle 25,000,000 seraient payés par la Suisse, 10,000,000 par la compagnie des chemins de fer lombards, 16,000,000 par les villes et provinces intéressées, 29,000,000 enfin par l'Italie, sur pareille somme que doit lui compter la France, à la condition que le tunnel du Mont-Cenis sera terminé en 1871. Or, des termes de cette combinaison, les deux plus considérables sont complétement illusoires. Il serait possible, à la rigueur, que les villes intéressées donnassent les 16,000,000 espérés et les chemins lombards les 10,000,000 qu'on leur demande. Mais qui peut s'arrêter un moment à la pensée que l'Italie, dans la situation où elle se trouve, et où elle sera longtemps encore, puisse avancer cette somme de 29,000,000? Comment croire, d'autre part, que la Suisse soit à même de fournir 25,000,000, alors que le revenu total des cantons confédérés ne s'élève pas au 4/5 de cette somme, et que de ces cantons, une partie notable, l'ouest suisse, n'a qu'un intérêt très-secondaire au travail qu'elle serait destinée à réaliser?

On n'escompte pas l'avenir. Compter sur la prime promise pour le Mont-Cenis serait une erreur ou une légèreté. Personne ne peut affirmer qu'en 1871 l'entreprise sera achevée. Et qu'on jette un coup d'œil sur les mouvements des finances de l'Italie en ce moment, on n'aura pas besoin d'un long temps pour se convaincre qu'elles ne permettent à ce pays actuellement qu'un appui moral.

Quant à la Suisse, en s'occupant, comme elle l'a fait jusqu'ici, du passage du Saint-Gothard, elle a mal connu ses forces, sa situation, et, par suite de cette erreur, ses véritables avantages, pour ne s'attacher surtout et vainement qu'à des idées de nationalité, excellentes en elles-mêmes, mais ici, déplacées à cause de leur impuissance. C'est là ce qu'on doit voir en Suisse, dans la question du Saint-Gothard, si l'on ne veut pas y reconnaître uniquement l'effet des intérêts remuants et coalisés des chemins de fer de l'Union Suisse.

Pouvant peu par elle-même (les cantons isolés sont encore plus faibles), la Confédération doit d'abord songer aux directions qui peuvent, sur son territoire, intéresser les états les plus riches de ceux qui l'entourent, directions de l'ouest et de l'est par les vallées du Rhône et du Rhin. Les compagnies suisses, elles-mêmes, qui sont les plus ardentes à promouvoir ce passage, où elles voient le salut de leurs intérêts en souffrance, s'égarent et arriveront moins ou n'arriveront pas à leur but. Par le Saint-Gothard, elles n'amènent pas vers elles la plus grande somme du trafic qu'elles pourraient avoir par deux passages, l'un occidental, l'autre oriental. De plus, ce passage qu'elles patronnent n'est pas dirigé vers ceux, de tous les intérêts, qui pourraient le plus efficacement venir à leur aide. Avec les 175,000,000 nécessaires pour exécuter un seul chemin de fer par le Saint-Gothard, on pourrait, nous l'affirmons, témoins le projet de M. Michel par le Lukmanier et le notre subséquent par le Grand-Saint-Bernard, non seulement réaliser les tracés par ces deux passages, mais encore reporter les 30 ou 35,000,000 restants sur le réseau suisse et celui de la Haute-Italie.

Après l'entreprise économiquement désavantageuse et techniquement hasardée du Mont-Cenis, où les millions s'entassent, où le temps s'écoule, où les difficultés se suivent, sans qu'on en voie la fin, il serait vraiment plus que téméraire d'attaquer celle du passage par le Saint-Gothard, où la même situation, à tous les points de vue défavorables, se reproduit dans des proportions plus mauvaises encore. Aussi, tandis que cinq ingénieurs, agissant sous l'impulsion d'initiatives libres et particulières, tandis qu'une commission gouvernementale s'occupent isolément et spontanément du passage par le groupe du Lukmanier, voit-on deux projets seulement, et encore inspirés par des influences extérieures, avoir pour objet le Saint-Gothard, tellement la situation, pratiquement défavorable de ce passage, est reconnue par toutes les compétences.

Grimsel. — C'est à cause de ces mêmes difficultés, en voulant répondre aux intérêts que ne satisfait pas le Saint-Gothard, lequel laisse de côté l'ouest suisse, que, en cherchant en même temps une direction plus facile et moins dispendieuse, M. l'ingénieur Schmid, de Berne, fut amené au passage par le Grimsel.

A l'extrémité de la vallée du Rhône, le Grimsel, voisin du Saint-Gothard, dessert, en Suisse, les mêmes intérêts que celui-ci et peut entrer en pleine comparaison avec lui. Son parcours méridional serait exactement le même dans la vallée du Tessin. On peut donc prendre sa direction comme une variante nord du passage par le Saint-Gothard. C'est ainsi que l'a compris M. Schmid dans son projet, dont la *Gazette de Lausanne* du 25 avril 1862 donne quelques détails.

Le tracé de ce projet, dont le but est aussi de combiner en une seule les deux directions du Saint-Gothard et du Simplon, se lierait à Berne et à Lucerne aux voies établies.

De ces points, passant de l'Unterwald dans l'Oberland, par le col de Brunig, il remonterait la vallée de l'Aar et traverserait la vallée du Rhône, pour arriver à celle du Tessin. Sa développée est de 179 kilomètres, son estimation est de 123,424,000 francs.

Ses difficultés majeures seraient trois grands tunnels: le premier, d'une longueur de 3 kilomètres pour franchir le Brunig; le second, de 8 kilomètres pour passer sous le Grimsel, pour aller de la vallée de l'Aar dans celle du Rhône; le troisième enfin, de 9 kilomètres pour passer de la vallée du Rhône dans celle du Tessin; soit pour ces trois tunnels une longueur totale de 20 kilomètres.

Ces souterrains, les deux derniers surtout qui ne sont qu'une double traversée des faîtes alpestres, nous semblent de nature à rendre ce projet peu exécutable. C'est deux fois le passage des Alpes, alors qu'une seule fois est déjà si difficultueuse. D'ailleurs, il est contestable que les 123.000.000 estimés soient suffisants, lorsqu'on voit l'estimation du St-Gothard s'élever à 175.000.000.

Maintenant si l'on considère que trois tunnels seuls donnent un développement souterrain de 20 kilomètres, il est permis de supposer que la longueur totale de tous ceux qu'il faudrait construire serait au moins de 27 kilomètres. De plus il serait nécessaire, en restant aussi longtemps dans ces hauteurs, de couvrir au moins le double de cette étendue pour la protéger contre les effets climatériques.

Ce tracé se trouverait donc sur un parcours de 60 à 65 kilomètres, le tiers de son développement total, formé en voie exceptionnelle.

Un tel chemin ne serait en réalité qu'une longue et coûteuse promenade par les cimes alpestres de Wylen à Faido. Aussi, le projet a-t-il passé promptement, ainsi que les annexes qui y avaient été ajoutés, tel que le tracé d'une longue ligne descendant la vallée du Rhône pour donner satisfaction à cette partie de la Suisse occidentale.

Techniquement aussi désavantageuse que celle du Saint-Gothard, la combinaison du Grimsel est dans une égale condition d'infériorité, par rapport à deux simples passages à l'est et à l'ouest.

Après le Grimsel vient le groupe du Simplon.

La direction de ce passage partant de Martigny ou y arrivant, comme celle du Grand-Saint-Bernard et conduisant de même à Milan, se trouve être la plus immédiatement en concurrence avec celle-ci. A ce titre, il est donc utile de la discuter d'une façon plus approfondie et plus détaillée. Un court historique de la question l'éclairera.

CHAPITRE VI.

Coup d'œil rétrospectif sur le passage par le Simplon et par le Grand-St-Bernard.

La pensée de traverser les Alpes par le Grand-St-Bernard, loin d'être nouvelle, a souvent été mise à exécution. On peut même dire que ce passage fut le plus fréquemment franchi de toute la chaîne alpestre et par les masses les plus considérables d'hommes et de bagages.

En effet, en remontant dans l'histoire, on voit que sous les empereurs, depuis Auguste, les cohortes romaines exécutaient continuellement ce voyage.

Les lombards, puis Charlemagne, l'ont fait aussi, et, en dernier lieu, les armées de la république en 1800.

Il est à croire que ces peuples divers, dans des situations différentes, unis par des intérêts différents, et à diverses époques, n'auraient pas ainsi constamment effectué ce même passage, s'il n'avait présenté sur les autres de notables avantages.

En regard de ces faits, on ne mentionne aucun passage important par le Simplon, antérieurement à la route actuelle.

Les événements mêmes qui s'étaient produits lors de la création de la route du Simplon, montrent que ce sont des raisons purement militaires et politiques qui ont amené le choix de cette direction, tout en reconnaissant les facilités plus grandes du Grand-St-Bernard.

En effet, durant la campagne d'Italie, Bonaparte avait compris de quelle importance serait une voie stratégique établie de France en Lombardie. Après le traité de Campo-Formio et l'organisation de la république cisalpine, l'ouverture d'une semblable voie devenait plus urgente encore. Mais le futur Consul étant en Egypte, elle fut retardée jusqu'à son retour.

En 1800, revenu d'Orient et nommé au consulat, il prépara une nouvelle expédition en Italie. Pendant qu'il organisait ses moyens à Dijon, avec la plus grande discrétion, le général du génie Marescot, aidé du général Menomi et de plusieurs autres officiers de mérite, explorait depuis le mois de mars (on était en mai) les divers passages des Alpes. Le premier Consul se fit rendre, à Genève, un compte exact de ces opérations. Après avoir comparé les divers points étudiés, ce fut pour le Grand-St-Bernard, comme étant le plus court, que se prononça le général Marescot, mais il regardait l'opération comme devant être difficile. « Est-elle possible, » demanda Bonaparte? Sur la réponse affirmative du général, l'ordre du départ fut donné.

Si le Simplon avait été plus avantageux sous tous les rapports, ainsi que le prétendent ses partisans, il est à croire que des hommes tels que les officiers chargés de cette exploration, ne se seraient pas prononcés pour le Grand-St-Bernard.

Ce fut en 1801, que Bonaparte ordonna l'ouverture de la voie par le Simplon.

Il fallait, en effet, à la suite de la bataille de Marengo et des faits qui avaient amené le rétablissement de la république cisalpine, ainsi que la paix générale, une route militaire qui reliât la France et la Lombardie, de Lyon ou Dijon à Milan, par Genève et le Valais.

Pour cela, le Grand-St-Bernard offrait, comme en 1800, un passage plus court que celui du Simplon et qui ne présentait pas des difficultés plus grandes; mais pour en profiter, il eut fallu emprunter au Piémont la vallée d'Aoste jusqu'à Ivrée et les routes jusqu'à Novare. Or, on eut été ainsi moins longtemps dans les possessions françaises, et, d'autre part, le Piémont, subissant l'influence autrichienne, avait jusque-là montré peu de sympathie pour la république française.

De plus, tout porte à croire qu'à ce moment déjà, Bonaparte avait le dessin de faire du Valais une province annexée à la France sous le nom de dédépartement du Simplon; en outre, les cisalpins offraient d'entrer pour une part dans les dépenses de la route, ce qu'ils n'eussent évidemment pas fait pour le Grand-St-Bernard.

Voici comment s'exprime l'éminent historien du Consulat et de l'Empire:

« Au milieu de ses opérations militaires et po-
» litiques, le premier Consul ne cessait de donner
» son attention aux routes, aux canaux, aux ponts,
» à l'industrie et au commerce; il s'occupait en
» même temps de la route du Simplon, premier
» objet de sa jeunesse, objet toujours cher à son
» cœur, le plus digne de prendre place dans l'avenir
» à côté des souvenirs de Rivoli et de Marengo.
» On se souvient que dès qu'il eut fondé la répu-
» blique cisalpine, le premier Consul voulut la rap-
» procher de la France par une route partant de
» Lyon ou de Dijon à Genève, traversant le Valais,
» tombant sur le lac Majeur et Milan, qui permît en
» tout temps de déboucher au milieu de la Haute-
» Italie avec 50,000 hommes et 100 bouches à feu. »
(*Tome 2*).

Garantir la Haute-Italie contre la puissance autrichienne qui cherchait sans relâche à s'y implanter, tel était le but de cette mesure.

Après la lecture de toutes ces considérations, il n'est plus contestable que des raisons uniquement stratégiques et politiques, aient seules motivé le choix qu'on fit du Simplon pour l'établissement d'une route.

C'est conformément à ces considérations, dans lesquelles le commerce et l'industrie ne pèsent pour rien, que le général Thurreau reçut l'ordre de porter son quartier général à Domo-d'Ossola pour protéger les travailleurs employés à la route et les aider de ses soldats. Mettant donc de côté ces motifs de politique et de stratégie qui n'existent plus aujourd'hui, il reste acquis que le passage par le Grand-Saint-Bernard a été considéré par des hommes très-compétents, comme offrant la voie la plus courte et la plus rapide de France en Italie et aussi des facilités parfaitement suffisantes, puisque le passage a été effectué dans d'aussi bonnes conditions qu'on pouvait l'espérer.

Aux yeux mêmes des esprits non habitués à ces questions et qui ne peuvent en juger que sur l'aspect, ces avantages apparaissent.

Dans les mémoires du duc de Bassano, il est rapporté qu'après son passage au Grand-Saint-Bernard, Napoléon envoyait chaque année au monastère 100,000 francs pris sur sa cassette particulière. Après avoir exprimé le regret que les religieux n'aient pas employé une partie de ces sommes à établir une route carrossable accédant de la vallée du Rhône à leur maison, l'auteur ajoute: « En agissant ainsi, le
» passage le plus avantageusement placé pour le
» trafic de la Suisse orientale et d'une partie de la
» France avec l'Italie, serait vraisemblablement doté
» maintenant d'un chemin qu'il est facile d'établir. »

Un autre auteur rendant compte, il y a deux ans, dans un journal du *Voyage en Suisse*, de M. X. Marmier, dit ceci: « M. Marmier cite avec complai-
» sance les grands travaux d'utilité publique achevés
» par cet État (le Valais), les routes du Grand-Saint-
» Bernard et de la Gemmi. Mais, de toutes les routes
» qui traversent la chaîne des Alpes, la route du
» Saint-Bernard est celle qui a rencontré le moins de
» difficultés et présente le moins de travaux d'art. »

Ces paroles prononcées par des hommes, sinon compétents, du moins éclairés, connaissant le pays et placés en dehors de toutes influences et de tous partis pris, ne viennent-elles pas s'ajouter encore à ce que nous venons de dire des avantages et des facilités que présente la traversée des Alpes par le Grand-Saint-Bernard?

Il peut donc paraître tout d'abord étonnant, qu'un silence aussi persistant ait enveloppé de nos jours, dans la discussion des lieux de passage des Alpes, celui précisément où s'effectua le plus grand nombre des traversées connues. Ce silence a cependant des raisons d'être qu'il est facile de faire comprendre, en montrant par suite de quelles circonstances, l'attention fixée sur la vallée du Rhône, se porta de suite vers le Simplon, à l'exclusion du Saint-Bernard. La première de ces raisons se trouve exposée dans un opuscule publié à Aoste, vers 1855, et intitulé: *Aperçu sur l'utilité d'établir un chemin de fer d'Aoste à Ivrée.* Il est dit: « En voyant de semblables résultats ressortir des comparaisons que nous avons établies (entre le Mont-Cenis, le Saint-Gothard et le Simplon), l'on pourrait être surpris qu'ils aient tardé si longtemps à se faire jour, si l'on ne savait que la commission internationale (dont nous avons déjà parlé), composée de MM. G. Negretti, pour le Piémont, S. Hachner, pour la Prusse, et G. Koller, pour la Suisse, qui a été chargée, en 1851, d'explorer les divers passages des Alpes, dans le but de déterminer le choix de la meilleure ligne à suivre pour y établir un chemin de fer, a omis, sous prétexte de la saison trop avancée, de visiter les deux passages du Grand et du Petit-Saint-Bernard (1), comme elle l'a expressément déclaré dans son rapport du 9 novembre 1851, qui a servi de point de départ à toutes les polémiques et discussions qui ont eu lieu successivement sur la même matière, et si l'on ignorait, d'ailleurs, combien et avec quel art des intérêts rivaux et passionnés ont toujours cherché et trop longtemps réussi à détourner l'attention loin de cette ligne d'Aoste.»

S'il est extraordinaire que des ingénieurs chargés d'un semblable travail ne l'aient pas donné complet, on conçoit que devant les difficultés d'explorer d'une manière approfondie, non seulement les lieux qu'ils avaient visités et signalés, mais encore de nouveaux points, on ne se soit pas écarté des termes entre lesquels ils avaient posé le débat. D'autant plus que ce débat s'agitait plus particulièrement en Suisse où les passages du centre, par le Saint-Gothard et les cols voisins, sont seuls préconisés.

En second lieu, lorsque des projets élaborés spécialement en vue des relations franco-suisses-italiennes, adoptèrent logiquement la direction de la vallée du Rhône, la situation politique demandait qu'on n'empruntât pas le territoire du Piémont. En effet, à cette époque la Lombardie appartenait encore à l'Autriche, et l'état de choses qui existait en 1801, se reproduisait inversement en 1853.

Le but qu'on voulait atteindre était surtout Milan, qu'on a appelé: « la capitale morale de l'Italie; » on laissait un peu à l'écart, au moins momentanément, Turin et Gênes. En 1801, le Piémont étant hostile à la France, on préféra passer par le Valais pour se rendre en Lombardie; en 1853, le même pays étant en mauvaise intelligence avec l'Autriche, maîtresse à Milan, on devait agir de même, cela était prudent. Les événements qui, plus tard, ont donné la Lombardie au Piémont ne se dessinaient pas encore, mais ce dernier était, vis-à-vis de la puissance autrichienne, dans un continuel état d'expectative défiante d'où pouvaient à chaque instant sortir des hostilités. Il était donc préférable, pour la sûreté des relations commerciales, de passer par le Valais, pays neutre, plutôt que par le Piémont, pays hostile à la puissance qui dominait la contrée avec laquelle on voulait entrer en communication.

En posant, d'après les faits existants, pour la France et les pays du nord, trois centres principaux: Gênes, Turin et Milan, qui doivent commander toutes les directions; les partisans du Simplon semblent oublier les deux premiers termes de cette triple considération. L'un d'eux (1) a avancé que ce passage se trouverait sur la ligne la plus droite de Paris à Gênes pour la partie de la France dont Paris est le centre. Cette assertion est loin d'être exacte; il s'en faut seulement d'un peu moins de 90 kilomètres. Le Simplon ne commande immédiatement que la direction de Paris à Milan; il est situé sur la ligne droite qui unit ces deux villes. Mais tout esprit habitué aux travaux et à la construction fait promptement justice de ce spécieux argument qui consiste à indiquer péremptoirement une route dans la ligne d'une corde inflexible tendue d'un point à un autre. La nature oppose de tels obstacles, qu'il faut les éviter et les tourner; aussi, le tracé par le Simplon lui-même longe-t-il la vallée du Rhône au lieu de la couper comme il devrait le faire d'après ce principe. Un autre auteur (2) a assuré que de cette direction rectiligne devait être déduit l'établissement forcé d'une voie qui se ferait envers et contre tous, parce qu'elle est dans la force des choses. C'est être un peu absolu. Un tracé en ligne droite inflexible étant matériellement impossible et la déviation étant forcée, qu'est-ce que cela peut faire à Paris ou à Milan que cette déviation ait lieu au nord ou au sud des Alpes, dans le Valais par la vallée du Rhône toute entière, ou en Piémont? Son intérêt même commande à Milan le sud, par la voie de Turin, établie dans un pays plus riche et où se trouvent ses plus fréquentes relations. Ce côté présente, en outre, une grande

(1) Par un simple coup d'œil sur la carte, si on ne connaît pas autrement le passage par le Petit-Saint-Bernard, il est facile de se convaincre que ce passage n'est qu'un long détour par la vallée d'Aoste pour revenir dans celle de l'Isère, se souder à la voie par le Mont-Cenis, tandis que le passage par le Grand-Saint-Bernard est le plus direct.

(1) M. le colonel fédéral Barman, Simplon, Saint-Gothard, Lukmanier

(2) M. l'ingénieur Jaquemin, *Gazette du Valais*, mars 1862.

longueur de lignes établies, par conséquent offre, pour arriver au même but, une notable diminution de temps et de dépenses. Pour l'Allemagne de l'ouest elle-même, la situation est complétement semblable et ces raisons ont la même force et la même valeur. Le Valais, pays de 70 à 80,000 habitants, pauvre et de peu de rapport, ne pèse pas dans la balance [1]. Par rapport à Gênes et à Turin, le Simplon est situé beaucoup trop à l'est de la longueur dont la droite, de Paris à Milan, s'éloigne de celle de Paris à Turin et à Gênes.

Le tracé par ce passage ne peut conduire à ces deux derniers points qu'au moyen des chemins de fer déjà établis. Ceux-ci font alors au sud des Alpes, en Lombardie, un coude brusque, un angle très-aigu avec la ligne qui accède par la vallée du Rhône; ils reviennent en sens contraire et presque parallèlement à cette même direction. Par là, cette voie se trouve augmentée, pour Turin et Gênes, d'une longueur très-considérable, à peu près égale à deux fois la distance de Martigny, point où le Rhône se détourne vers l'est, au Simplon, c'est-à-dire environ 140 kilomètres. Ce passage est donc, par rapport à ces deux villes, évidemment défavorable; il l'est conséquemment aussi pour la France, l'ouest suisse, une grande partie de l'Allemagne et tous les pays qui se rattachent à ceux-ci. Le centre suisse seul y trouverait sa direction véritable par le Grimsel, sans prendre la vallée du Rhône, mais les intérêts en sont-ils assez puissants pour forcer le passage en le supposant possible? Nous ne le croyons pas; ils sont de nature à concourir, mais non à commander seuls; ils trouvent d'ailleurs un écoulement suffisant par les vallées qui les avoisinent.

Le Simplon ne deviendrait admissible qu'autant qu'il serait obligé, qu'il serait le seul et devrait être subi, à cause des facilités d'établissement qu'il offrirait, comparées aux difficultés insurmontables qu'opposeraient les autres points. Or, telle n'est pas la position. La situation indiquée plus haut qui faisait, pour ainsi dire, une obligation à une voie internationale de France en Lombardie, de passer par tout le Valais, n'existant plus aujourd'hui, on doit s'en tenir aux considérations commerciales et techniques qui militent en faveur du Grand-Saint-Bernard.

Mais, s'ajoutant aux raisons que nous avons données, on comprend que la route du Simplon, par ce fait qu'elle est un des passages les plus fréquentés de France en Italie, ait dû d'abord se présenter à l'esprit des ingénieurs qui se sont occupés de la question du passage des Alpes en chemin de fer. En outre, un examen superficiel et non approfondi de ce travail pouvait laisser croire que l'établissement de cette route reposait sur une importance spéciale au point de vue des relations qu'elle peut desservir et sur des facilités singulières de construction. Il n'est donc pas surprenant qu'elle ait été l'objet d'études particulières.

Enfin, lorsque ces études eurent fait connaître la possibilité rigoureuse de l'établissement d'une voie ferrée, les hommes qui prirent cette tâche ne manquèrent pas d'une certaine habileté, et que nous verrions à l'œuvre, si nous avions à faire l'historique de la ligne d'Italie.

Dès qu'elle se créa, cette compagnie prit le nom de la compagnie de la ligne d'Italie par le Grand-St-Bernard et le Simplon. On étudiait encore, et le Grand-St-Bernard était mis un moment en ligne de compte. Mais la situation de la société devint promptement précaire; il fallait à toute force trouver des appuis. En ce moment aussi, les villes de Gênes, Turin, Milan avaient voté, en faveur du chemin de fer le plus promptement établi, une somme d'environ 20,000,000 qu'il était bon de gagner à sa cause. La compagnie fit tout ce qu'elle put pour intéresser le Valais, la Suisse entière et l'Italie. C'est alors que les brochures et les publications se multiplièrent dans le but de concentrer l'attention sur le passage par la vallée du Rhône, et enfin par le Simplon que la nécessité de satisfaire le canton du Valais (en même temps peut-être que d'allonger le travail et de le retarder), finit par faire prédominer tout à fait.

Regardons le projet de passage à son point de vue particulier. Le Valais, sur le territoire duquel se développait le tracé, demanda, en effet, que la voie parcourut et desservit toute la vallée. Il était naturel qu'il eut à cœur cette condition; il obtint ce qu'il voulait et cette concession qui, d'après ce que nous avons dit, ne pouvait être désavantageuse à la France et à l'Italie, entraîna encore la traversée par le Simplon, bien que cette conclusion ne fut pas rigoureuse. Car, en supposant le passage par le Grand-St-Bernard, rien n'empêchait, pour satisfaire le Valais, de continuer économiquement dans la vallée un chemin local.

Après avoir ainsi montré que des considérations purement politiques et militaires ont seules amené l'établissement de la route du Simplon, que des raisons qui n'ont rien d'économique ni de technique ont présidé aux projets de voies ferrées qu'on a élaborées par le même passage, il nous reste à examiner ces projets au point de vue pratique du travail en lui-même et de l'exécution, afin de pouvoir les apprécier exactement, en les comparant aux conditions que nous avons adoptées, et qui, nous le disons encore, peuvent être obtenues.

La compagnie de la ligne d'Italie entretenant de tout son pouvoir parmi ses actionnaires et le public la pensée de cette traversée du Simplon, la leur montrait comme le port des intérêts compromis. C'est pourquoi, proposés d'une part, espérés de l'autre, tous les projets qui eurent en vue ce passage, ne manquèrent jamais d'un certain retentissement.

(1) D'ailleurs, il n'y a qu'une partie du Valais intéressée dans la direction par le Simplon.

De ces projets, quatre surtout doivent fixer notre attention, comme étant les plus étudiés et les plus connus : ceux présentés par MM. Flachat, Jaquemin, Lommel et celui de la compagnie même de la ligne d'Italie. Ces projets ne sont, à proprement parler, que des variantes les uns des autres, mais agitant la même question, ils doivent servir à l'élucider.

Les premières données du travail de M. Flachat parurent en 1859, lorsque les événements récents de la guerre contre l'Autriche eurent jeté dans l'Italie une fièvre de travail favorable à tous les développements. Plus tard, en 1860, un second travail, extension du premier, vint donner la pensée complète de l'auteur et approfondir d'une manière féconde le problême à résoudre.

M. Flachat le présente, l'examine et le résoud au point de vue suisse-allemand. La France entre néammoins dans son projet pour une large part, mais accessoirement, pour ainsi dire, et rattachée.

Ecrivant sous l'empire des données, de lumières qui lui créent une sorte de jugement préconçu, l'auteur semble rendre les intérêts français tributaires des intérêts suisses et allemands. Mais s'il était vrai aujourd'hui que la fusion de ces relations fut sans inconvénients pour la France et l'Allemagne, doit-on espérer qu'il pourrait en être toujours ainsi? M. Flachat répond lui-même en disant que : « La plus grande difficulté ne serait peut-être pas d'amener l'entente entre les intérêts de ces deux grands pays. » Ne découle-t-il pas de là que cette entente n'existe pas en ce moment même assez grande, du moins, pour une action commune? Dans de telles questions on doit écarter toutes chances d'entraves.

En persistant dans son idée de fusion, dont il ne tire pas des conclusions rigoureuses, M. Flachat abonde cependant dans notre sens quand il reconnaît que le défaut d'union et de fermeté tiendrait en échec, « en Suisse, les solutions dans lesquelles entreraient les membres nombreux de la Confédération. » Il n'est pas douteux, après cela, qu'il soit de toute nécessité de ne pas agglomérer des intérets d'une si difficile réunion et que l'avantage des pays qui entourant la Suisse, sont obligés d'emprunter son territoire, leur commande de rendre le plus court possible cet emprunt. Cette contradiction manifeste, qui montre en désaccord la pensée et le fait, ne peut venir précisément que du point de vue forcé auquel l'auteur ramène toutes ses considérations. Les intérêts qu'il veut servir demandent logiquement le passage par les vallées de l'Aar et de la Reuss. La première est impossible et, par la seconde, il eut été difficile d'intéresser la France dont le concours peut être nécessaire à la cause qu'il soutient.

Peu confiant dans l'entreprise du Mont-Cenis, au sujet de laquelle il élève de graves objections dont nous avons parlé ailleurs et convaincu que, quand bien même elle réussirait, il serait sage de renoncer, dans l'avenir, à tout ce qui s'en rapprocherait, à cause du temps et des dépenses considérables qu'exige une semblable tâche, M. Flachat donne sa préférence raisonnée au système dit des tracés hauts et c'est suivant celui-ci qu'il établit sa voie. Sa ligne passe par Bâle, point obligé, et gagne la vallée du Rhône par Lausanne et Martigny.

Il n'est pas nécessaire ici, comme nous l'avons généralement fait dans les autres cas, d'en décrire les parcours aux points les plus importants.

Il suffit, en effet, pour le connaître, de jeter les yeux sur une carte; c'est le même que celui de la route du Simplon qu'il suit de Brigg jusqu'à Iselle et Domo-d'Ossola. Çà et là, selon l'exigence de la construction, se produisent certaines modifications, mais elles ne s'écartent jamais notablement et ne portent que sur des fractions restreintes du parcours. L'inclinaison maximum de la route est de 0,060 m/m et l'unité adoptée par M. Flachat est de 0,050 m/m, il y a peu de différence. On se prend alors à se demander, en suivant ce tracé ainsi accolé dans toute sa longueur à la route, s'il n'eût pas été plus simple que son auteur projetât, tout uniment, de poser des rails sur la route elle-même.

Chacun a sa spécialité, les uns sont constructeurs, M. Flachat est ingénieur-mécanicien; il est donc naturel que, suivant ses travaux ordinaires et ses aptitudes particulières, il ait cherché dans la mécanique les moyens que la configuration exceptionnelle du terrain à parcourir semblaient, à première vue, demander.

Il abandonne, à Brigg, l'inclinaison de 0,035 m/m conservée jusque là, et de ce point adopte, pour s'élever jusqu'au col du Simplon à la cote 2009 m. 98 m/m, une inclinaison de 0,050 m/m. Les raisons qu'il donne sont celles-ci : « Elle permet au tracé de se tenir généralement à une faible distance de la route; elle tient le profil le moins possible dans les régions supérieures; à égalité proportionnelle de moyens de traction, elle abrège la durée du trajet, elle se prête mieux qu'une inclinaison plus faible au passage par les points obligés du tracé. »

Plus loin, il ajoute : « c'est donc l'impossibilité de trouver place sur les versants des vallées, des torrents, pour des retours de tracé, qui rend à peu près impossible, sans de grandes dépenses, l'inclinaison de 0,035 m/m. » Ces raisons sont-elles déterminantes et logiques? C'est ce que nous devons examiner pour juger de la valeur de la conclusion qui en est tirée.

Dans tout le tracé qu'il projette, M. Flachat se préoccupe beaucoup de la route et semble tenir expressément à ne pas s'en écarter. Une telle préoccupation est-elle fondée? Cette route est certainement une œuvre remarquable et elle a fait, à juste titre, l'admiration de l'époque qui l'a vu construire. Mais si cela est incontestable, il n'est pas moins évident que l'art des Ponts-et-Chaussées a fait aujourd'hui de si grands progrès qu'il est fort probable que cette même route, construite de nos jours, se trouverait grandement modifiée et cela surtout, d'après cette raison présentée par M. Flachat lui-même, que si « les percées de courte longueur ont aujourd'hui peu d'importance, elles en avaient une considérable à l'époque où la route du Simplon a été construite. » On ne peut nier, en effet, que l'emploi intelligemment manié de ce moyen, en donnant la facilité de traverser, sous des points qu'il serait laborieux d'atteindre ou de tourner, des passages difficiles, ne permette d'éviter ces obstacles, de racheter les longueurs auxquelles ils auraient contraint et de rendre la voie plus régulière et plus unie dans toute son étendue. Car, il ne faut pas oublier, que lorsque de semblables difficultés se présentent, les efforts à faire pour les franchir, se font sentir inévitablement sur une certaine longueur aux parties qui les avoisinent.

Par ces raisons, il nous semble que la situation de la route, qu'il est bon cependant de prendre en considération, ne doit pas devenir une préoccupation constante et influente. Son voisinage n'aurait qu'un avantage réel, mais secondaire, celui de faciliter l'approche des matériaux de construction du chemin de fer. A conclure rigoureusement, on serait même amené à dire qu'il est nécessaire que le tracé s'éloigne notablement de cette route, puisque les conditions dans lesquelles elle est établie ne lui font éviter aucun des obstacles que présente le terrain.

Dans la seconde raison que donne l'auteur de l'adoption de cette inclinaison de 0,050 m/m, il reconnaît, en disant qu'elle tient le profil le moins possible dans les hauteurs, la nécessité de cette condition. Mais ici « le moins », doit être pris pour le moins longtemps. Or, si le tracé parcourt les hauteurs sur une moindre étendue, à cause de son inclinaison plus considérable, par la même raison il s'y engage plus promptement. La déduction naturelle de ce motif, n'est-elle pas plutôt l'utilité capitale d'un souterrain destiné à relier les versants qui séparent le faîte culminant, afin d'éviter les points où les obstacles deviennent les plus considérables? Alors pourquoi s'élever à ciel ouvert jusqu'au col?

De plus, si le chemin de fer parcourt les hauteurs sur une moindre étendue avec 0,050 m/m, qu'avec 0,026 m/m, il y reste plus longtemps. Nous avons, en effet, montré que la difficulté des vitesses compensait d'une quantité notable, en faveur de l'unité 0,026 m/m, la différence de longueur de parcours. C'est-à-dire que, dans le même temps, le trajet parcouru avec l'unité 0,026 m/m et la vitesse de 30 kilomètres à l'heure, rapprochait plus promptement du but à atteindre, que celui qu'on parcourrait avec l'unité de 0,050 m/m et la vitesse de 16 kilomètres à l'heure seulement, sur laquelle compte M. Flachat.

Enfin, nous avouons ne pas bien comprendre ce que l'auteur veut dire par « lieux obligés du tracé. » Les lieux obligés en question ne peuvent évidemment l'être comme importance de population ou de commerce; ils ne peuvent être obligés qu'au point de vue de la position topographique, ou à l'égard des difficultés climatériques. Mais bien loin que cette raison soit à l'avantage d'une inclinaison forte, il nous semble qu'elle milite en faveur d'une faible inclinaison. Car, au moyen de celle-ci, on se tient plus près des thalwegs des vallées ascentionnelles par lesquelles on passe, c'est-à-dire le plus loin possible des obstacles qui sont surtout redoutables dans le voisinage des hauteurs de ces vallées.

D'après cet examen, nous croyons donc que les motifs allégués en faveur de l'unité 0,050 m/m ne sont pas convaincants, et nous ne pensons pas qu'il faille en faire une condition *sine quâ non* du passage du Simplon, même à ciel ouvert, c'est-à-dire sans tunnel.

Nous disons: « à ciel ouvert, c'est-à-dire sans tunnel, » car nous ne pouvons pas croire, bien qu'il ne s'explique pas nettement à ce sujet, que M. Flachat ait la pensée de traverser le Simplon sans couvrir au moins la voie sur une certaine longueur. C'est là une absolue nécessité qu'il est impossible de ne pas admettre, à moins qu'on ne connût pas du tout les Alpes.

De plus, l'adoption de cette inclinaison de 0,050 m/m et la pensée, excellente en elle-même, mais dont il ne faut pas pousser trop loin l'application, de réduire, autant que possible, la longueur du parcours, conduisent aussi à admettre des rayons très-courts. En effet, ainsi que nous l'avons dit précédemment, plus on augmente l'inclinaison de la voie à établir, plus, se rapprochant des parties hautes, on sera contraint de contourner les baies et les caps, pour ainsi dire, des côtés sinueux des vallées dans leurs plus étroits développements. Cette contrainte conduira à des courbes d'autant plus brusques qu'on sera plus élevé; on eût pu les adoucir en employant une inclinaison moindre rapprochant des thalwegs où ces contours sont plus larges, par suite de leur forme généralement conique. Sans avoir la prétention de fixer le minimum d'inclinaison possible au Simplon, cette considération du rayon des courbes nous paraît devoir militer en faveur des inclinaisons raisonnablement les plus faibles possibles.

De la position exceptionnelle d'un tracé fait avec des telles conditions, découlait la nécessité de recourir à des combinaisons nouvelles dans la construction du matériel roulant. C'est alors que M. Flachat propose une série importante de modifications dans le matériel actuellement employé sur la majeure partie des lignes exploitées, soit un système spécial destiné à fonctionner sur la ligne qu'il projette. Il serait même vrai de dire que le tracé établi dans de telles conditions est la conséquence des appropriations que l'auteur a pensé qu'il pourrait apporter au matériel d'exploitation actuellement en vigueur pour la destination spéciale qu'il avait en vue. Les combinaisons mécaniques ont dû précéder et diriger la conception du tracé. Le système de M. Flachat repose sur l'augmentation de l'adhérance des trains sur les rails et par suite la nécessité d'accroître la force de traction des machines. Les wagons eux-mêmes seraient pourvus de cylindres à vapeur et des appareils moteurs nécessaires qui seraient mis en mouvement par la vapeur amenée de la chaudière commune de la locomotive. Nous n'avons pas l'intention de discuter ces innovations. Si ce que nous avons dit précédemment est juste, nous devons en principe nous montrer contraires à l'admission de tout nouvel élément inconnu.

La longueur de ce tracé serait 25085 m. sur le versant nord, plus 26580 m. sur le versant sud, soit 51665 m. de Brigg à Iselle. La dépense en est estimée à 20,000,000 de fr. ou 384,000 fr. le kilomètre.

En résumé, concluant que l'adoption d'une inclinaison de 0,050 m/m et des rayons de courbes réduits n'est pas indispensable pour le passage du Simplon, même pour un tracé à ciel ouvert, car on peut fort bien s'écarter des points indiqués par M. Flachat, nous ajoutons que la considération d'un matériel nouveau, est pour nous un témoignage de l'impraticabilité de cette solution. De plus, quand il serait vrai qu'une inclinaison de 0,026 m/m des courbes communes, conséquemment un matériel ordinaire, fussent possibles, l'allongement considérable que subirait le tracé, le temps qu'il serait retenu dans les hauteurs, nous font repousser formellement, ainsi que nous l'avons fait pour le Lukmanier, la solution d'un projet de voie ferrée à ciel ouvert, comme complétement erroné.

Cette pénsée n'est pas, d'ailleurs, la nôtre seulement; elle a dù être aussi celle d'un ingénieur chargé par M. Flachat lui-même d'explorer le Simplon au cœur de l'hiver et qui, par là, a dù être plus à même d'apprécier les difficultés et les obstacles que présentent les montagnes. Cet ingénieur, M. Jaquemin, a élaboré et publié sur ce même passage plusieurs projets différents de celui de M. Flachat.

Le dernier et le plus important des projets de M. Jaquemin, est celui qui fut publié en août 1862, par ordre du gouvernement vaudois, sous le titre de: *Développements complémentaires d'un avant-projet de chemin de fer par le Simplon.*

Dans cette brochure, M. Jacquemin énonce trois projets, mais il n'en développe réellement qu'un.

Celui qu'il désigne sous le n° 2, tracé à rampes et pentes de 0,050 m/m et passant par le col à 2020 m. au-dessus du niveau de la mer, n'est pas autre chose que celui de M. Flachat un peu modifié. Il y a cependant cette différence, que l'estimation kilométrique monte à 500,000 francs, tandis que nous ne l'avons trouvée dans l'autre que de 384,000 francs.

Le projet désigné sous le n° 3 a également une inclinaison de 0,050 m/m; mais il comporte à l'altitude de 1700 m., un souterrain de 4000 m., dont l'évaluation est de 2,500 fr. le mètre linéaire. La développée totale du tracé est de 58,700 m. entre Gamsen et Domo-d'Ossola et la dépense entière de 34,840,000 francs.

Ce tracé est un compromis entre le précédent et celui qui va suivre.

C'est l'avant projet n° 1 d'un développement de 58 kilomètres entre Gamsen et Domo-d'Ossola, avec inclinaison maxima de 0,035 m/m et comportant un tunnel de 11 kilom., qui, suivant l'auteur, est, des trois études, celle qui doit être préférée.

Le tracé part de Gamsen, il passe au-dessous de Gliss et au-dessous d'Oberholz, pour arriver à la Saltine qu'il traverse à environ 150 mètres au-dessous de l'ancien pont Napoléon, au moyen d'un viaduc d'à peu près 200 mètres de longueur et de 25 à 30 m. de hauteur moyenne; de là, il arrive à Brigue avec une inclinaison de 0,033 m/m. Le palier à la station de Brigue est de 400 mètres. De Brigue, le tracé traverse la route du Simplon, passe sous Biel et sous Thermen jusqu'à environ 700 m. de Matt-Graben. Au moyen d'une gare de rebroussement, il repasse par dessus Thermen, entre Hasel et Thermen, puis traverse le Simplon au-dessus de Lingwurn, tourne ensuite le musoir de Schalberg pour entrer dans la vallée de Ganther au-dessous du 2e réfuge et, après s'être développé sur le versant sud de cette vallée jusqu'en face de Grund, il s'engage dans la vallée de la Saltine qu'il remonte jusqu'à environ 600 m. au-dessus de Grund pour entrer en tunnel à la cote de 1215 m., après avoir parcouru, sur le versant nord, une longueur de 15,600 mètres.

La direction de ce tunnel, formée de trois lignes raccordées par des courbes, remonte la vallée de la Saltine jusqu'à Tavernette, hors du contact des filtrations de la Saltine. A Tavernette il change de route et passe sous la Saltine, se dirige en droite ligne entre Bernetsch et Niederalp à environ un kilomètre en amont du pont de Mayenhaus, d'où changeant encore, il va sortir directement au bord du Krummbach, à environ 700 m. en aval du village du Simplon, par une altitude de 1300 m. Ce tunnel serait praticable au moyen de quinze puits d'une profondeur de 70 à 345 mètres. Sa longueur, en formant les raccordements avec des courbes d'un rayon de 1000 mètres, serait de 11229 m. 35.

De la sortie du tunnel, le tracé arrive à la gare du Simplon après avoir traversé la route du même nom. De cette gare, il continue à descendre jusqu'au-dessus d'Iselle, arrive à la gorge de la Cheresca, tourne le musoir de la Cheresca, traverse ce torrent et, en passant sous Lincio, arrive sous Varzo, lieu d'une gare. De la gare de Varzo, le tracé descend enfin jusqu'à Domo-d'Ossola, en tournant au-dessus de Crevola, dans la direction de Campelia et de Cresta, après avoir parcouru une longueur de 31400 mètres sur le versant sud, et subi deux rebroussements, l'un au Simplon, l'autre à Campelia. Reconnaissant que « la difficulté capitale se trouve toute concentrée dans la traversée du col, » l'auteur recherche « quel sera le temps nécessaire pour le percement du grand tunnel du Simplon, » qui sera sans doute aussi le temps nécessaire pour établir la ligne, en l'attaquant, comme cela doit être, simultanément à ses deux extrémités.

Il arrive à trouver une période de onze ans qui, même suivant certaines organisations du travail, pourrait être réduite à huit ans, en supposant toutefois qu'on n'employât « que les moyens déjà connus et expérimentés sur tous les grands tunnels déjà construits en divers pays. »

Il estime à 51,404,000 francs, soit 886,276 fr. par kilomètre, le montant total des frais d'établissement.

Ce projet que présente l'ingénieur chargé, par M. Flachat, d'explorer le Simplon au cœur de l'hiver, nous semble être la condamnation du projet de celui-ci. En effet, tout porte à croire que M. Jaquemin n'a conçu un tunnel de 11 kilomètres que pour garder une inclinaison maxima de 0,035 $^m/_m$, et éviter les difficultés du passage du col à ciel ouvert, dont M. Flachat, qui ne craint pas de les affronter, n'a sans doute qu'une idée purement théorique. En résumé, ce projet est sérieux, et l'un des meilleurs qui aient été produits par le Simplon.

Cependant, il ne nous semble pas à l'abri de critiques très-fondées portant sur de graves omissions.

D'abord, un point surprend, c'est, qu'excepté le viaduc sur la Saltine, il ne soit fait aucune mention de travaux d'art, ni dans la description du tracé, ni dans l'estimation des dépenses. Cependant, sur le versant nord il y a encore à franchir, par des ponts ou viaducs, le Ganther et un torrent affluent; sur le versant sud, la Cheresca, la Doveria, le Krumm, vers Algaby, et près de Domo-d'Ossola, la Bogna, dans le val Bugnanco. Le pont sur la Cheresca n'aurait pas moins de 130 à 140 mètres de hauteur, celui sur la Doveria, à Crivola, de 80 à 90 mètres. De telles élévations supposent des travaux considérables. Or, on sait que dans des viaducs de cette importance, la dépense est de 160 à 180 francs le mètre superficiel; nous en connaissons même qui ont coûté 200 francs. Cela ne peut donc manquer d'ajouter au projet, avec des difficultés nouvelles, quelques millions de plus au devis estimatif.

De plus, outre le grand tunnel de 11230 mètres, d'autres souterrains secondaires seraient inévitables et il n'en est fait aucune mention. Cependant, après Thermen, autour du Schalberg à Algaby, du côté de Gondo, le parcours indiqué n'est pas praticable sans plusieurs de ces tunnels, dont le total des longueurs pourrait arriver à 8 ou 10 kilomètres. Portant à 2,500 francs la dépense par mètre linéaire, chiffre admis par M. Jacquemin, cela fait au moins 20,000,000 de francs. Viaducs et tunnels secondaires montant donc à environ 25,000,000, qui, s'ajoutant au 51,404,000 francs, donnent un total minimum de 70,000,000 pour la dépense du tracé tout entier.

Ainsi complété, ce projet, par sa longueur de voie en tunnel et par l'évaluation de la dépense, se rapproche sensiblement de celui de la compagnie de la ligne d'Italie.

Le point capital et toute l'économie de ce projet se trouvent réunis dans le grand tunnel de 11 kilomètres et, c'est par rapport à ce travail particulièrement, que son auteur l'apprécie. Or, les termes de cette appréciation sont parfois mal posés. Ainsi, M. Jaquemin, en portant à 0,50 c. par 24 heures, à son point le plus difficile, le degré d'avancement sur lequel on peut compter dans son tunnel, ajoute : « c'est-à-dire, un douzième seulement de ce qui avait été prévu pour le Mont-Cenis. » Si c'est là réellement la prévision qui avait été faite au Mont-Cenis, pourquoi la poser comme terme d'appréciation, alors que de telles prévisions sont si rarement justes et que celles-ci, en particulier, s'éloigne autant des faits accomplis. Si, désireux de laisser une impossibilité d'augmentation de son évaluation, M. Jaquemin avait pris le douzième de la base réelle du Mont-Cenis, il serait arrivé, d'après les faits, à 0,05 $^m/_m$ par jour et par tête, en supposant, comme il le fait, 325 jours de travail par an. Restant dans les données ordinaires, l'avancement qu'il prévoit n'est rien de plus que celui qu'on peut espérer, d'après l'expérience et qui a été généralement obtenu dans la plupart des travaux de ce genre.

Mais l'organisation du travail sur laquelle il fait reposer le bénéfice de trois années qu'il indique est, ce nous semble, impraticable. Si la difficulté capitale du projet se trouve dans ce tunnel de 11230 mètres, la difficulté capitale du tunnel se concentre dans une longueur de 2250 mètres à percer au milieu sans puits. Or, dit l'auteur : « nous ferons remarquer que, si pour les 1125 mètres de galerie à percer, à partir de chacun des puits n°s 7 et 8, on avait la précaution d'organiser les ouvriers par postes de quatre heures, on obtiendrait d'eux un travail utile beaucoup plus considérable, surtout en les mettant à la tâche et que, dans cette hypothèse, l'avancement pourrait être porté de 0,50 c. à 1 m. par vingt-quatre heures. »

Cette combinaison n'est pas heureuse et ne donnerait pas le résultat attendu.

En effet, dans tous les travaux de ce genre, il a été reconnu qu'un homme ne peut pas donner plus de huit heures consécutives de travail et surtout a besoin absolument de huit heures de repos et de réfection. En retirant de ces huit heures, trois au moins, pour les allées et retours du chantier au domicile, pour le temps des repas de l'ouvrier, et les soins d'hygiène et de propreté qu'il est obligé de prendre, il ne lui reste que cinq heures de repos complet.

Ce n'est pas trop si l'on se rend bien compte de la différence qu'il y a entre le travail de souterrain et le travail à l'air libre. On a constaté aussi que le temps que met l'ouvrier à percer sa mine, à la faire partir, à déblayer le terrain, est de huit heures généralement. Il peut donc faire pendant son poste un travail complet et livrer, à celui qui le suit, une place nette et libre plus facile à la reprise. Si, comme le propose M. Jaquemin, on ne faisait travailler chaque homme que quatre heures par poste, il arriverait ceci : que le premier ouvrier n'ayant pu faire qu'une partie de sa tâche, laisserait au suivant une place encombrée de difficultés, desquelles celui-ci, n'ayant pas commencé l'œuvre, se tirerait moins aisément et avec une perte de temps. De plus, l'ouvrier n'ayant de repos qu'une période de quatre heures, égale à celle de son travail, ce qui ne lui donnerait qu'une heure ou une heure et demie de repos absolu, serait rendu à sa tâche sans avoir réparé ses forces. Il est incontestable que des repos ainsi fractionnés, dont une grande partie se passerait en démarches, seraient inefficaces. Huit heures consécutives de repos après chaque période de travail sont absolument nécessaires. Le seul moyen d'aller plus vite serait d'augmenter le nombre des brigades ; mais cela est plus dispendieux et serait nuisible, parce qu'il est mauvais de mettre le travail en trop de mains et que le propre de la tâche est de la concentrer.

A ce sujet toutes les combinaisons possibles ont été essayées sur les divers chantiers de travaux de tunnels, et l'on a fini par s'arrêter, comme la plus simple et la meilleure, à celle des trois brigades avec 8 heures de travail et 8 heures de repos, de façon qu'on obtient en 48 heures la moitié de ce temps de travail utile, en périodes successives, telles que les ouvriers travaillent indifféremment, tantôt de nuit, tantôt de jour, à tour de rôle. Ce sont là les résultats d'une longue expérience dont il n'y a pas lieu de se départir, ni l'espoir de pouvoir le faire utilement, et les onze années prévues par M. Jaquemin pour la percée de son tunnel de 11230 m., subiraient plutôt une augmentation qu'une diminution.

Nous pensons néanmoins, malgré ces critiques fondées, que M. Jaquemin a le mieux, jusqu'ici, vu le problème de ce passag du Simplon, et s'est le plus rapproché de la meilleure solution.

Comme lui, nous croyons qu'il ne faut pas prendre une inclinaison de plus de 0,035 m/m., qui est possible, ni porter le tunnel plus haut que de 1400 à 1450 m. d'altitude.

La texture des deux versants du col ne permet pas d'atteindre à une élévation plus grande pour un chemin de fer à grande vitesse et sans rupture de charge. Mais sa développée de 58 kilomètres est insuffisante ; elle ne lui permet pas d'éviter les grands ouvrages d'art et les souterrains secondaires que nous avons fait remarquer. En la portant à 70 kilomètres, il pourrait améliorer ces conditions.

Après le projet de M. Jaquemin vient celui de la compagnie de la ligne d'Italie, complément du chemin de fer du Bouveret à Sion.

La dépense de ce projet est évaluée à 72,000,000 de francs. Il comporte 23 kilomètres de tunnels, 21 kilomètres de galerie voutée, 80 kilomètres de développée générale et une voie seulement.

Tout en faisant remarquer quelle différence il y a de ce projet à celui de M. Flachat, celui-ci qui n'adopte qu'une voie, parce qu'il recule devant les dépenses et les difficultés excessives de l'établissement de deux voies, qui projette 23 kilomètres de tunnels et 21 m. de voie couverte ; l'autre qui s'élance à ciel ouvert dans les passages du col, nous ne nous en occuperons pas pour deux raisons.

La première, qu'un tracé à une voie serait une œuvre tout à fait insuffisante qu'il est inutile de discuter ; la seconde, qu'il émane d'une initiative perdue qui, s'il faut en juger par le passé, ne réalisera pas plus un tel projet, qu'elle n'a réalisé les précédents.

En effet, la voie du St-Gingolph à Brigg avait été évaluée à 25,000,000 de francs et le travail devait être fini en 8 ans. Voilà dix ans qu'il est commencé, 31,000,000, au moins, sont dépensés et la moitié seulement du chemin est exécutée. La conclusion de ces faits est simple.

Cependant, au moment où nous écrivons, de nouveaux efforts sont tentés par le fondateur de la compagnie de la ligne d'Italie, pour relever cette entreprise et galvaniser en quelque sorte son cadavre. Cette tentative est-elle sérieuse ? Nous ne le croyons pas. Le passé répond pour l'avenir. Les mêmes hommes ne peuvent amener que les mêmes résultats.

Pour la plupart des directeurs qui se sont trouvés à la tête de cette compagnie, la ligne d'Italie n'a été qu'une opération financière et une question d'argent. Le travail à exécuter sembla la moindre des choses. Or, cette situation n'a pas changée.

Dans la brochure que vient de publier, en avril 1866, la société soi-disant reconstituée, il n'est pas même question des travaux à faire. Opération financière, tel est le point de vue qui s'y trouve présenté. Hors de là, rien. Pas même la question de savoir à combien montent encore les dépenses à faire. Pas même cette demande élémentaire et que dicte au préalable le bon sens, alors surtout que la partie de l'entreprise qui reste à exécuter est précisément la plus dispendieuse et la plus difficile. Evidemment, cet essai n'a pas de consistance et, ressemblant à tout ce qui a été fait jusqu'ici, après un peu de bruit, n'amènera rien, si ce n'est peut-être de nouvelles déceptions.

Le dernier projet par le Simplon a enfin été proposé par M. l'ingénieur Lommel.

Le tracé de ce projet, à peine indiqué par son auteur, commence à Sion et s'avance par Brigg jusqu'à Glyss, sur une étendue de 52 kilomètres. A Glyss, il entre en souterrain sur une longueur de 17500 m., entre les altitudes de 700 et de 750 m. ; puis, débouchant vers Gondo, il gagne Domo-d'Ossola avec des inclinaisons de 0, 025 m/m, et de là à Arona, après avoir parcouru, sur le versant sud, 75500 m., et au total 143 kilomètres. L'estimation de ce projet est de 150,000,000 de francs.

Il est présenté d'une façon remarquable à plusieurs points de vue, spécialement sous le rapport économique, mais le point de vue pratique y est à peine effleuré.

En grande partie, nous pouvons donc, à leur temps, prendre légitimement les conclusions économiques de ce projet, puisque, comme celui du passage par le Grand-St-Bernard, son tracé conduit au même point, à Martigny. Mais, quant à la partie technique, elle est trop peu traitée pour que nous puissions nous y arrêter. En outre, 17500 m. de tunnel et 150,000,000 de francs, nous semblent des conditions qu'on doit repousser. Cependant, sans entrer dans une discussion, on peut faire quelques rectifications. L'auteur du projet énonce un tunnel de 17500 m. de longueur entre Brigg, ou Glyss et Gondo, s'ouvrant à l'altitude de 725 m. et descendant en droite ligne vers le sud, à l'inclinaison de 0,004$^{m}/^{m}$. Or, 725 — 17500 × 0,004 = 071 et Gondo est à la cote 900 m. C'est donc plus bas, vers Iselle, que le tunnel devrait déboucher et au lieu de 17500 m., il en aurait 20,000, ce qui équivaudrait à une augmentation de dépense de 2500 fr. × 4000 m. = 10,000,000 et porterait, avec l'estimation de l'auteur lui-même, le devis à 160,000,000 de francs.

Or, non seulement ce souterrain peut être regardé comme impraticable, mais encore il ne peut même pas être tracé. Sur les 3/5 de sa longueur, en effet, il passerait sous les glaciers de Monte-Leone et les élévations voisines. Dans ces conditions, il serait complétement impossible d'y faire les opérations graphiques indispensables.

La compagnie de la ligne d'Italie avait pensé à ce moyen et l'avait étudié. Mais, reculant devant les impossibilités d'un tracé souterrain en ligne droite, elle divisait son tunnel en deux parties, l'une, suisuivant à peu près la vallée de la Saltine; l'autre, d'un point sous les élévations de cette vallée, se dirigeant droit vers Iselle. Ce souterrain avait un peu plus de 19 kilomètres. La première partie eût été possible, mais la seconde était dans les mêmes conditions que le souterrain Lommel. On y renonça promptement.

L'opposé direct du projet Flachat, celui de M. Lommel n'est pas plus praticable et si le travail auquel il a donné lieu ne présentait pas, sous d'autres rapports, un aspect sérieux fait pour inspirer créance, nous n'en aurions pas fait mention.

Cependant, préoccupés de ce passage du Simplon autour duquel tant de bruit s'est élevé et tant d'attention s'est portée, après avoir étudié les différents projets que nous venons d'indiquer, nous avons voulu impartialement rechercher, pour avoir une idée exacte de cette partie de la chaîne alpestre, si quelques points voisins seraient praticables et nous avons été conduits au passage par le col de Fourchetta que nous avons précédemment exposé.

Concluant donc, nous dirons, que pour la plupart des projets par le Simplon, la route a trompé, ainsi que le peu d'élévation relative du col qui a laissé croire à une facilité plus grande. Cette apparente facilité n'est qu'une illusion. A cause surtout des obstacles considérables que présentent les gorges et les déchirures de la Saltine, au nord, et de la Doveria, au sud, le plus rationnel moyen de franchir le col est de pratiquer un souterrain relativement long et qui permette des puits. C'est en cela que le projet de M. Jaquemin qui aborde résolument cette difficulté, serait le mieux posé et le plus près de la meilleure de ces solutions. Mais le tunnel de 11230 mètres ne laisse pas que d'être encore un travail laborieux, c'est pourquoi nous avons indiqué le passage du col de Fourchetta.

En résumé, après avoir examiné le Simplon à divers points de vue, nous l'avons examiné encore au point de vue pratique et, après qu'il nous est apparu d'abord comme désavantageux, nous le voyons encore rempli de sérieux obstacles techniques. A cet égard, aussi, il y avait opportunité à chercher de nouveau d'un autre côté.

Ayant ainsi montré, sous son vrai jour, le passage par le Simplon, il nous reste, avant de faire l'exposé de la solution que nous avons à avancer, à jeter un coup d'œil sur le tracé actuellement en cours d'exécution, connu sous le nom de ligne de Mont-Cenis. Ce tracé se présente comme étant la voie qui relie directement les deux pays, sans passer par une contrée intermédiaire et aussi, comme l'étude la plus ancienne.

Passage du Mont-Cenis. — Sous Charles-Albert, quelques tâtonnements essayés dans la vallée de la Chisona et de la Briance, pour établir une ligne de communication entre la France et l'Italie, furent abandonnés presque aussitôt. Plus tard, en 1844, commencèrent les premières études sérieuses entreprises par le gouvernement piémontais pour la ligne de Suze à Chambéry, prolongation de la ligne de Gênes à Turin. Ces études furent confiées à M. l'ingénieur Mans et au chevalier Ange Sismondo, qui présentèrent leur projet en 1849. Ce premier projet comprenait un tunnel sous le Mont-Cenis d'une longueur de 12230 m. dont l'entrée méridionale, située dans le vallon de Rochemolle, se trouvait à la cote 1363 m., par une rampe de 0,035 $^{m}/^{m}$ et le débouché par Modane, à la cote 1150 m., par une pente de 0,030 $^{m}/^{m}$. La direction générale de la galerie était, du midi au nord, avec une inclinaison d'environ 22° vers l'occident; elle passait à 1600 m. sous le col de Fréjus, entre Bardonnéche et Modane. Plus tard, en 1854, MM. Grattoni, Grandis et Sommeillet firent, d'accord avec le chevalier Ranco, ingénieur en chef du chemin de fer Victor-Emmanuel, une nouvelle exploration, pour décider, si on devait ou non, modifier les projets de M. Mans. Il résulta de ces explorations qu'on conserverait ces projets, mais que, pour faciliter les accès, la direction du souterrain serait transportée, presque parallèlement à elle-même, d'un kilomètre environ vers l'occident. D'après cette variante, la longueur de la galerie se trouva portée à 12700 m. à peu près; sa pente, du côté méridional, descendit à 0,020 m/m, et du côté opposé, à 0,023 m/m. Le point culminant, au milieu de la galerie, fut fixé à 1335 m. au-dessus du niveau de la mer (1).

Enfin, un dernier remaniement porta l'entrée définitive du tunnel à la cote 1202 m. 82 m/m; sa sortie, sur le versant méridional à la cote 1335 m. 38 m/m, et sa longueur totale à 12220 m., dont une moitié en rampe de 0,022 m/m et l'autre en pente de 0,005 m/m.

En réfléchissant aux phases successives par lesquelles ont passé les préliminaires de la réalisation de ce projet: études abandonnées, reprises en 1844, tombées de nouveau, revenues sur le tapis en 1849, enfin arrêtées et définitivement conduites jusqu'à l'exécution en 1854, nous nous demandons si c'est bien au projet lui-même, sous les rapports économiques et techniques, que le passage du Mont-Cenis doit d'en être arrivé où il se trouve actuellement. Lorsque, depuis dix années, subissant des phases diverses, il n'aboutissait à rien, comment se fait-il qu'il fut repris tout à coup par le gouvernement piémontais? Le Piémont de 1854 n'était pas dans des conditions générales de richesse meilleures qu'en 1844 ou en 1849. La guerre de Crimée, à laquelle il prenait part, était même pour lui une dépense nouvelle; mais la situation politique était changée.

En vue des événements qu'il prévoyait en s'alliant, pour cette guerre, à la France, M. de Cavour voulait amener entre les deux pays une liaison aussi étroite que possible qui rendît leurs intérêts solidaires et, par là, assurât au Piémont l'aide certaine de la France. Le projet du Mont-Cenis qui unissait directement par la Savoie, encore piémontaise, le Piémont proprement dit, Turin avec la France et Paris, entrait complétement dans ces vues et donnait un gage. C'est pourquoi au moment où la guerre ajoutait aux charges du pays, le gouvernement piémontais n'hésita plus à aborder une semblable tâche.

Au prix même d'un insuccès, il voulait donner par là une preuve de son désir d'alliance sérieuse et assurée avec la France. La voie projetée unissait les intérêts directement et sans intermédiaire, et passait par des points stratégiques et militaires importants. Dans les circonstances qui se produisaient, dans les desseins que mûrissait le ministre italien, quel qu'eût été le plan proposé, il eût eu à ces conditions de grandes chances de réussite.

Ce qui prouve bien que telle a été la cause déterminante de la mise à exécution de ce projet, c'est qu'il n'offre pas, en effet, de grands et spéciaux avantages, ni économiquement, ni pratiquement. Enfin, ce qui montre encore que, s'il n'y avait eu en jeu, dans cette question, que des points de vue économique et technique, un tel projet serait d'une légèreté étrange, c'est qu'en adoptant la possibilité d'un souterrain de telles dimensions, et ne reculant pas devant les obstacles qu'il présente, il existait, non loin de cette direction, un passage plus court et plus facile par le col du Géant.

En effet, d'Entrèves, situé dans la vallée de la Doire, au-dessus de Courmayeur, à Chamounix, dans la vallée de l'Arve, il n'y a que 10 kilomètres; l'altitude d'Entrèves est à environ 1200 m., celle de Chamounix, à environ 1100 m. De ce côté, la ligne aboutissant de Genève ou d'une station française voisine, à Aoste, n'aurait eu que 112 kilomètres. En 1846 déjà, quelques personnes notables d'Aoste avaient pensé à ce projet, mais, peu après, sur les judicieuses observations de M. le colonel Dufour, ingénieur à Genève, elles abandonnaient cette idée. Celui-ci écrivait, le 8 février 1846, à M. le chanoine Carrel: « Vous me faites part d'une idée qui, à ce « qu'il paraît, s'est emparée de quelques esprits et que « l'on aurait regardée comme entièrement chimérique, il y a quelques années, devant laquelle maintenant on ne recule pas, accoutumé qu'on est « d'entendre parler de montagnes percées, telles que « le Jura, le Cenis, etc. On ne connaît plus rien « d'impossible; ce projet de percer le Mont-Blanc, « tout colossal qu'il est, a donc pu être abordé; mais « il y a loin de la conception à la réalisation d'un « semblable projet. » Et, ayant fait entrevoir ces difficultés, il conclut: « En conséquence, il vaut « mieux, pour le moment, y renoncer que de le « poursuivre (1). »

Et cependant ces difficultés eussent été moindres qu'au Mont-Cenis. La vallée de l'Arve n'a que 0,01 m/m d'inclinaison, celle de la Doire 0,019 m/m; l'altitude à atteindre eût été moins élevée, le tunnel moins long et la ligne entre Turin et Paris plus directe et plus courte.

Le passage du Mont-Cenis est défavorable pour la plus grande partie de la France, toute celle qui s'étendrait au nord d'une ligne tirée de Besançon à Nantes. Un regard sur la carte le montre promptement. Sous ce rapport, ainsi que pour la sécurité des relations commerciales, il était peut-êrre utile de penser à ouvrir, par la Suisse neutre, un passage qui, situé plus à l'est, rallierait à lui les transactions d'une partie de ce pays et celles des Provinces Rhénanes avec l'Italie. En présence des intérêts considérables qu'elles seraient appelées à desservir, intérêts dont l'importance ne peut que grandir, il est à croire que les deux directions seraient employées. Il est certain que le tracé le premier établi, aura les plus grands avantages, en attirant d'abord les courants d'affaires auxquels il pourra servir d'écoule-

(1) Annales des Conducteurs des Ponts-et-Chaussées, 1857.

(1) M. le Chanoine Gorret. — Mémoires sur les chemins de fer.

ment, ceux-ci devant, sans nul doute, prendre leur direction là où ils seront le plus tôt appelés et où la route sera le plus tôt praticable. Cette question de temps, en amenant un fait accompli, en établissant une voie à laquelle on s'habituera promptement, est une grande considération en faveur du passage le plus rapidement achevé. Or, nous ne pensons pas exagérer en disant que les travaux du Grand-Saint-Bernard, s'ils étaient entrepris dans un temps peu éloigné, seraient achevés bien avant que le percement du Mont-Cenis ne fut terminé. Le passage par le Grand-Saint-Bernard pourrait être pratiqué en cinq ans; à cette époque l'exploitation du Mont-Cenis serait loin encore.

En effet, depuis 1857, époque à laquelle ont été réellement commencés les travaux du souterrain, les avancements de la percée sont demeurés bien en arrière de ce qu'on espérait et plus encore de ce que promettaient les calculs des probabilités théoriques; car, à la fin de 1865, l'ouverture totale des deux galeries, allant à l'encontre l'une de l'autre, n'avait encore atteint que 5200 m. Or, si en huit ans on n'a pu effectuer la moitié de la percée, ne peut-on pas conclure de là qu'il faudra plus de temps encore pour ouvrir les 7600 mètres restants à percer.

Remarquons, d'ailleurs, que plus on avancera, plus les évacuations, les transports de matériaux (car on ne peut utiliser ceux que fournit la galerie elle-même) et les communications deviendront longues. Nos calculs nous conduisent à porter entre dix ou douze années, à dater de celle-ci, l'époque d'achèvement du souterrain du Mont-Cenis, c'est-à-dire entre 1875 et 1880. Toutefois, il faut pour cela supposer un avancement assez régulier et que rien d'exceptionnellement grave ne vienne se produire, comme par exemple la rencontre d'une roche de dureté exceptionnelle, d'un terrain éboulant, humide ou même d'une faille donnant passage à un grand courant d'eau de nappe souterraine, enfin une insuffisance notable dans les moyens d'aérage et de ventilation, toutes choses qui sont très-possibles.

Nous croyons que le Mont-Cenis sera percé, et que les hommes éminents qui ont entrepris ce travail ne seront pas impuissants à l'achever. La science de l'ingénieur a fait de tels progrès qu'on ne peut que difficilement lui assigner un terme et il est à croire qu'elle saura surmonter les obstacles qui se présenteront à elle. Mais ce qu'on peut prédire à coup sûr, c'est que ces obstacles ne seront surmontés qu'à force de temps et d'argent.

Obstacles nés de la nature du terrain. — La dureté de la roche actuellement attaquée ralentit fâcheusement et notablement le travail et M. Baude, inspecteur général des Ponts-et-Chaussées, directeur du chemin de fer de l'est, dans une brochure sur la traversée des Alpes dit, en parlant de la conformation géologique du sol au Mont-Cenis : « On remarque « que le grès houiller signalé du côté de Modane, « est suivi d'un affleurement de quartzite plongeant « dans le même sens, c'est-à-dire vers le nord-est. « Les couches viennent buter l'une contre l'autre « sous forme de gouttière, il est donc probale que le « tunnel aura à traverser, sur une petite longueur, « des terrains bouleversés ou une faille dont il est « difficile d'apprécier d'avance toutes les difficultés.»

Obstacles surgissant de la complication des nombreuses installations mécaniques. — Pour quelle part faire entrer dans l'appréciation de l'état actuel de cette entreprise, les circonstances inattendues, l'imprévu dont la production est le fait le plus certain de tous ceux sur lesquels on peut compter?

En admettant qu'aucun retard ne vienne de la situation financière gênée où se trouve en ce moment l'Italie, n'est-on pas fondé, devant cet inconnu, à porter, comme nous l'avons fait, à une période de douze années au moins, le temps que nécessitera l'achèvement de ce souterrain?

Un fait récent vient confirmer et même développer cette probabilité.

Une compagnie anglaise, dans laquelle figurent quelques-unes des grandes maisons d'entreprises de Londres, a, l'année dernière, obtenu la concession d'une voie ferrée à établir sur le Mont-Cenis. L'estimation des dépenses de ce travail est évaluée à 9,150,000 francs. Il n'est pas probable que les ingénieurs qui ont élaboré ce projet s'en fussent occupés, s'ils avaient pu croire que le travail du Mont-Cenis, qui doit annuler le leur, put être de sitôt terminé.

Quelle que soit, du reste, l'époque plus ou moins éloignée à laquelle se trouvera terminé le passage du Mont Cenis, nous avons la conviction qu'un autre passage par le Grand-Saint-Bernard, coûtant moins, ouvert en moins de temps et offrant plus de sécurité pour une exploitation sans la moindre chance d'interruption, n'aurait rien à redouter du premier. Les transactions commerciales et industrielles n'auraient qu'à gagner de la concurrence qu'offriraient ces deux voies, par la possibilité qu'elles auraient de choisir celle qui leur conviendrait le mieux.

Grand-St-Bernard (col de Menouve). — Étant examinés ces passages et ces projets, pour la première fois réunis dans un travail d'ensemble permettant toute étude et toutes comparaisons particulières, nous arrivons enfin au groupe du Grand-St-Bernard, et au passage par le col de Menouve, qui est la solution finale de nos recherches.

Après avoir écarté les directions par les cols de Ferres et de Fenêtre, nous avons montré que celle de la vallée d'Entremont, aboutissant aux cols du Grand-St-Bernard proprement dit et de Menouve, se présentait comme étant, au point de vue pratique, la plus favorable et la plus logique. Le profil du terrain nous a conduits à cette conclusion, dont l'adoption définitive ne devait plus dépendre que des moyens de développement que pouvait offrir, en plan, ce même terrain si heureusement configuré en relief.

Or, nous l'avons signalé aussi, les facilités de ces développements sont des plus avantageuses.

Que l'on considère la vallée d'Entremont sur le versant septentrional, celle de St-Remy sur le versant méridional, affluentes toutes deux des vallées principales que parcourt notre direction et les rejoignant, non par des déchirures abruptes mais par de larges épanouissements, il sera facile de reconnaître le secours exceptionnellement favorable qu'elles apportent pour aider à triompher d'une des plus grandes difficultés des passages alpestres, la plus considérable après le percement souterrain, celle des développements à obtenir sur les versants des montagnes.

Se développant, depuis la ville de Martigny, station du tronçon de chemin de fer établi par la compagnie de la ligne d'Italie, notre tracé, à partir de la cote 469 m. 50, gagne les flancs nord du Mont-Chemin, en face du Brocard et du Borgeau, et se maintient sur le flanc sud de cette montagne jusqu'à Sembrancher. De là, il entre dans la vallée de Bagne, qu'il va traverser à Champsec pour revenir sur le côté gauche de la vallée, tourne autour du Mont-Larsey et va reprendre la vallée d'Entremont. Revenant en face de Sembrancher, il atteint Chamoille, la Rosière et Reppaz. A partir de ce point, continuant de monter sur la rive droite de la Dranse, il tourne le musoir sous Comeire, passe à Fontaine-Dessus et derrière les bourgs de Liddes et de St-Pierre, enfin va gagner la Cantine de Proz, où se trouve l'entrée septentrionale du souterrain, dont le débouché se trouve situé à la même altitude dans la vallée de Menouve.

De ce point méridional, le tracé tourne en flanc de coteau au-dessus d'Etroubles et de Saint-Oyen, s'infléchit vers Saint-Remy et s'avance dans la Combe des Bosses jusqu'un peu plus loin que Chuille. Là, il traverse la vallée des Bosses et revient sur la droite de celle-ci jusque vers Etroubles, de l'ouest à l'est. D'Etroubles, suivant à peu près parallèlement la route provinciale d'Aoste à Saint-Remy, dite du Grand-Saint-Bernard, il descend par Gignod jusqu'à Arpouille, au-dessus d'Aoste. De ce village, entrant dans la vallée de la Doire, par Ponte-d'Aviso et Clut, il va traverser la rivière vers Saint-Pierre et revient sur Aoste.

La développée de ce tracé est 101500 mètres de Martigny à Aoste.

De la gare de Martigny, le tracé ainsi décrit dans ses principaux points, doit partir suivant une courbe d'environ 500 m. de rayon, pour s'étendre vers les flancs nord du Mont-Chemin et gagner le plateau des vignes situé en face du pont sur la Dranse, en amont de Bovernier. A cet endroit, après un parcours de 5500 m., à l'inclinaison de 0,028 $^m/_m$, une gare serait établie à la cote de 624 m. Au tournant du musoir du Mont-Chemin, il serait nécessaire de percer un petit tunnel courbe de 200 m. environ, sur un rayon minimum de 300 mètres.

De la gare de Bovernier, continuant sur le même côté de la Dranse par une rampe de 0,025 $^m/_m$, le tracé arrive à la station de Sembrancher, à l'altitude de 724 m., après un parcours de 4 kilomètres. Dans ce parcours, on aurait à ouvrir une petite galerie d'environ 100 mètres sous une pointe de rocher solide, dans lequel on en a pratiqué une de 68 m. de long pour l'ouverture de la route du Saint-Bernard, sans qu'il y ait eu nécessité de revêtir les parements en maçonnerie. On pourrait même se servir de cette galerie en l'élargissant du côté de la montagne.

De la station de Sembrancher on s'engage dans la vallée de Bagne pour pouvoir se développer en s'élevant et, remontant toujours sur le même flanc de coteau par Vilette, Montagnier, Versegères, on atteint Champsec à la cote de 960 m., après avoir parcouru une longueur de neuf kilomètres à une déclivité de 0,026 $^m/_m$. A Champsec, la Dranse est traversée sur un viaduc d'environ 35 à 40 m. de hauteur. De Sembrancher à Champsec se présentent six petits torrents qui ne nécessitent, pour être franchis, que des ouvrages d'art très-secondaires (aqueducs de 2 ou 3 m. d'ouverture). La courbe de retour du tracé, du versant droit au versant gauche de la Dranse de Bagne, peut être décrite avec un rayon de 300 m. au minimum.

Repartant de la station de Champsec comme de celle de Sembrancher avec une rampe de 0,028 $^m/_m$ qui deviendra l'inclinaison maxima constante, on côtoie le versant gauche de la vallée de Bagne, en passant sous Bruson et en face de Châble. Puis, tournant le musoir du Mont-Larsey, on rentre dans la vallée d'Entremont par Chamoille et la Rosière, atteignant la cote 1212 m. après un parcours de 9 kilomètres.

De Champsec à la Rosière, le tracé traverse deux torrents qui n'exigent que des ouvrages peu importants. Outre ces torrents, dans quelques plis de terrain, un certain nombre de ruisseaux nécessitent de petits aqueducs.

En sortant de la station de la Rosière et continuant vers Reppaz, on tourne le musoir sous Comeire par une galerie d'environ 150 mètres en rochers schisteux solides et l'on traverse le torrent de Pont-Sec pour gagner Fontaine-Dessus. Plus loin, on franchit le torrent d'Aron et l'on arrive derrière le bourg de Liddes, à l'altitude de 1464 m., après un parcours de 9 kilomètres. Les deux torrents de Pont-Sec et d'Aron ne nécessitent que des ouvrages peu importants, analogues à ceux des torrents de la vallée de Bagne.

De Liddes, toujours du même côté de la Dranse, le tracé franchit les torrents de Palazuit, d'Allèves et de Lorette par des ouvrages analogues aux précédents et il arrive derrière le bourg de Saint-Pierre, à une hauteur de 1660 mètres, après un trajet de 7 kilomètres. De ce point, on traverse le torrent de Vachurey sur un viaduc assez élevé, d'une seule arche de 15 m. (celui qui a été construit, il y a quelques années pour la route, a 14 m. d'ouverture). A la sortie de ce viaduc, on entre en galerie dans le rocher, pendant environ 150 m. sous le Château. Puis, à 500 m. plus loin, se présente une nouvelle galerie, d'environ 150 m. aussi, sous la butte de Serreire. Au débouché de cette galerie, on atteint le pied de la plaine de Proz, vers la Cantine, à l'altitude de 1800 m., où se trouve placée l'entrée septentrionale du souterrain, éloigné de 5 kilomètres de Saint-Pierre. Jusqu'à ce point, la voie est constamment exposée en de bonnes conditions, au sud et au sud-ouest, à l'exception de deux petites parties de Martigny au musoir du Mont-Chemin et de Champsec jusqu'à Chamoille, où elle se trouve exposée au nord et par conséquent à un froid un peu plus vif pendant l'hiver.

Les terrains sur lesquels le tracé passe sont généralement bons et solides. Les masses de formation secondaire du soulèvement alpestre, dont ils sont formés, présentent généralement, à leur surface, le calcaire à l'état brut ou métamorphique.

De Martigny au musoir du Mont-Chemin, le sol est un calcaire très-solide. De la sortie de la galerie à pratiquer sous ce musoir, jusqu'à ce qu'on atteigne Bovernier, il se présente un grès schisteux qui nécessitera des murs de soutènement et de contre-rive. De Bovernier à Sembrancher le terrain redevient calcaire et solide, mais se trouve coupé de quelques parties marneuses, ce qui exigera de nouveau, en certains endroits, des murs de soutènement. De Sembrancher au torrent de Pierre-à-Voie, après Vollége, c'est une alluvion solide et cultivée. De Pierre-à-Voie à Champsec, il continue à être solide; cependant, à cause de son inclinaison des flancs de coteaux, des murs de soutènement et de contre-rive doivent être prévus. Au reste, depuis cette partie du tracé jusqu'à Proz, la même cause d'inclinaison rapide nécessitera les mêmes dispositions dans des proportions de solidité, plus ou moins grandes, selon la nature des lieux. De Champsec à Chamoille, le terrain est calcaire et de Chamoille à Reppaz, il se transforme en tuf solide. Il est schisteux de Reppaz à Fontaine-Dessus et notamment au musoir de Comeire. A Liddes, c'est un schiste dur, mêlé de blocs erratiques de serpentine.

De Liddes jusqu'à Proz, il est sensiblement uniformé et composé de la roche de calcaire dur métamorphique dite grenat des Alpes, dans laquelle se montrent de nombreux affleurements de chaux hydraulique.

C'est à Proz que se séparent les deux directions par le Grand-Saint-Bernard proprement dit et le col de Menouve, pour se rejoindre, au sud, dans la Combe des Bosses.

La différence entre les deux passages consiste surtout dans celle des deux tunnels, l'un qui serait de 6600 m., l'autre de 5800. C'est là particulièrement ce qui nous a fait opter pour le passage par Menouve, en remarquant de plus, que le travail souterrain par cette direction devait permettre des facilités plus grandes de construction que par le Grand-Saint-Bernard.

De la tête méridionale du tunnel, à l'altitude de 1800 m., le tracé descend la vallée de Menouve, tourne à droite, au-dessus d'Etroubles, par une courbe à long rayon, entre dans la vallée de Barasson, au-dessus de Saint-Oyen où un ouvrage d'art des plus secondaires devra être établi sur le torrent, et en ressort, par une courbe analogue, pour tourner le musoir au-dessus de Saint-Remy et arriver à la station de ce bourg à la cote 1576 m., après un parcours de 8 kilomètres, à l'inclinaison de 0,028 m/m. Sur le torrent de Saint-Remy, en sortant de la station du même point, un viaduc d'une certaine importance, de 20 à 25 m. d'ouverture, sur une hauteur égale, sera nécessaire. Au tournant du musoir de St-Remy, une petite galerie de 100 à 150 m., dans un terrain semblable à celui du versant nord, devra être probablement aussi pratiquée. De St-Remy, le tracé continue à la même inclinaison. Après avoir tourné dans le vallon de St-Remy, comme dans celui de Barasson, il entre dans la vallée des Bosses qu'il va traverser auprès de Chuille, à la cote de 1436 m., après un parcours de 5 kilom. sur un terrain facile. La courbe de retour de la Combe des Bosses aurait un rayon de 300 m., sur un remblai d'environ 20 m. de hauteur. Ce point est celui où nous sommes contraints au plus court rayon. De là, il repart à la même inclinaison sur une longueur de 7 kilom., pour arriver à une station en face d'Etroubles à la cote 1240., après avoir traversé un terrain solide et très-boisé. D'Etroubles, à la même déclivité, se maintenant en flanc de coteau parallèlement à la direction générale de la route et sur le versant droit de la vallée, il arrive à la station d'Arpouille, à la cote 1044, après 7 kilom. de parcours. Entre Etroubles et Arpoville, le passage du torrent des Cluses et celui des Condemines nécessiteront, le premier un viaduc assez important, le second un remblai assez élevé. Le terrain schisteux et sujet à éboulements, devra aussi être consolidé au moyen de murs de soutènement plus forts que ceux du versant nord.

D'Arpouille, le tracé continue à l'inclinaison de 0,026 m/m sur une longueur de 9500 m., pour atteindre les bords de la Doire, vers St-Pierre, au-dessous de Villeneuve, à la cote de 797 m. Dans ce parcours, toujours en flanc de coteau, sur un terrain très-solide et très cultivé, planté de vignes, il traverse trois ravins qui ne nécessitent que des ouvrages secondaires. Au point où nous sommes parvenus, une station très-importante où aboutiront les voies des vallées de Courmayeur, de Chuille et de la Doire supérieure, devra être établie. Là, aussi, le tracé passe d'un versant à l'autre de la vallée par une courbe d'un rayon de 5 ou 600m et franchit la Doire sur un viaduc. Redescendant à l'inclinaison de 0.025 m/m, sur le côté droit de la Doire, il traverse de nouveau ce fleuve sur un autre viaduc, pour atteindre à la cote 607 m., après un parcours de 7600 m., la station d'Aoste qui serait établie dans les prairies au-dessous de cette ville.

Sur ce versant méridional, la ligne est toujours bien exposée au sud, à l'exception de la partie comprise sur le versant droit de la Combe des Bosses, jusqu'à Gignod, où elle est tournée au nord, mais située dans des forêts qui l'abritent, comme, d'ailleurs, le font aussi les élévations alpestres.

De ce côté des Alpes, le sol est sensiblement analogue à celui du côté nord et les divers terrains calcaires et schisteux se reproduisent dans les mêmes conditions avantageuses pour l'établissement de la ligne.

Ainsi complètement décrit dans tous ses termes, selon son profil et surtout selon son plan, qui est la partie la plus importante, car, étant toujours en flanc de coteau il ne donnnera lieu à aucun grand mouvement de terre, ce travail se présente, nous le croyons fermement, comme le plus avantageux de tous ceux qui peuvent être pratiqués par la direction que nous avons adoptée et proposée. En outre, comme nous l'avons dit, partout où nous avons été exposés à le faire, nous avons voulu prendre nos données péchant par excès de difficultés, afin de prévoir, dans tous les cas, le plus grave et pour que les études définitives et détaillées sur le terrain, lesquelles ne feront que confirmer nos assertions et nos bases générales, ne puissent en même temps que constater des facilités plus grandes encore que celles que nous avons signalées et révéler des situations meilleures.

Dans les tentatives précédentes que nous avions faites, nous occupant trop de l'intérêt particulier des lieux parcourus, nous n'étions pas arrivés encore à obtenir des conditions aussi favorables.

Cette fois, nous avons laissé de côté ces intérêts plus que minimes, qui seront, d'ailleurs, très suffisamment servis, et nous ne nous sommes inquiétés que des avantages techniques du tracé; nous n'avons accepté de sujétions que celles du sol. Ce sont là, en effet, dans la partie élevée des tracés, les seules considérations qui doivent guider, une fois la direction admise. A côté des grands intérêts internationaux qui sont en cause, ceux des bourgs suisses, perdus dans les hauteurs, ne peuvent évidemment entrer en ligne de compte. D'ailleurs, il est toujours possible, et dans notre projet il est facile, de relier à la voie ferrée par des chemins et des stations, les plus importantes des bourgs rencontrés. Notre description et nos plans témoignent que tout en ne nous subordonnant pas à ces intérêts, nous ne les avons néanmoins pas négligés.

Après le développement du tracé qui ne constitue qu'une partie de notre projet, sous le rapport technique, nous avons à donner ses conditions d'établissement.

Voie. — Certains projets alpestres n'admettent qu'une ligne de rails. Cette situation qui ne permet ni la sécurité, ni la rapidité, ni la régularité nécessaires, indispensables à l'importance des transports qui s'effectuent par les Alpes, est complétement insuffisante et mauvaise. Nous la repoussons entièrement et nous croyons qu'une ligne à deux voies, semblable à toutes celles qui sont en circulation dans les autres pays, est préférable à tous égards.

Les éléments essentiels et primordiaux du tracé d'un chemin de fer, sont le profil et le plan, c'est-à-dire les inclinaisons et les courbes. En portant à 0,025 m/m l'inclinaison moyenne de notre tracé et à 300 m. le rayon minimun extrême de nos courbes, nous ne sommes pas sortis des termes connus et expérimentés, où nous nous étions fait une loi de rester.

Mais à côté de ces bases fondamentales que nous n'avions pas cru, que nous ne croyons pas encore prudent de déplacer et que nous avons pu conserver, la configuration du sol alpestre, le climat, et cette situation de rampes et de pentes continues sur de grandes longueurs, devaient forcément amener, non pas des innovations radicales auxquelles nous sommes opposés, mais certaines modifications au régime des voies ordinaires.

Ces modifications nous les avons établies les plus simples possibles.

Par la configuration du terrain, notre voie est toujours assise en flanc de coteau.

Dans cette situation, le côté de la voie exposé au versant sera arrêté et consolidé sur toute sa longueur, par un mur ou parapet; on pourrait souvent éviter cette précaution en entrant davantage dans le coteau, mais cela deviendrait quelquefois très-coûteux, en roche très-dure par exemple, et n'éviterait pas toujours une consolidation dans les parties moins solides.

Nous avons donc projeté du côté du versant un mur continu en maçonnerie, une sorte de parapet. Cette construction, plus économique qu'un déblai sur toute la longueur, a encore deux avantages. Elle permet de maintenir perpendiculairement, sans fruit, le ballast et le bord de la voie, ce qui donne la facilité de rétrécir la largeur de l'assiette de la ligne et elle offre sur toute la longueur de la ligne, à ciel ouvert, une protection du côté de la vallée, en même temps qu'un refuge pour le service, par le moyen des baies d'évitement régulièrement pratiquées de distance en distance. Sur tous les points où elles seront établies, ces baies d'évitement deviendront extérieurement des contreforts des murs de soutènement.

Sur le côté opposé de la voie, deux motifs nous ont fait adopter des dispositions semblables. Le premier, la nécessité de consolider le sol dans toutes les parties qui ne sont pas en rocher très-dur; le second, l'écoulement. des eaux de montagne qui exige un fossé continu et parallèle à la ligne, lequel a naturellement besoin d'être consolidé vers l'arête qui domine le rail.

L'établissement de ces deux murs, peu élevés d'ailleurs, parapet d'un côté, consolidation de l'autre, présente encore ce résultat que nous avons indiqué, de nous donner la facilité de rétrécir la largeur de notre voie. Le ballast et les terres étant maintenus perpendiculairement, l'écoulement des eaux étant assuré par des mesures subséquentes, nous pouvons supprimer les fossés qu'on établit ordinairement dans toutes les tranchées de chemin de fer et porter ainsi à 8 m. 10 la largeur de la plate forme de la ligne, à 7 m. 20 celle de la voie au lieu de 10 et 11 m. que présentent les lignes de plaine. Ce rétrécissement constitue une amélioration notable pour le temps et la dépense.

Sous un climat dont la température généralement basse est très-pluvieuse, notre ligne, de même que toutes celles qui graviront les versants des Alpes, surtout au nord, sera soumise à un régime d'humidité que ne connaissent pas les lignes de plaine. En descendant les flancs des montagnes parcourues, les eaux provenant de la fonte des neiges et les eaux tombant directement sur la voie, exigent un système d'écoulement constant plus développé que les fossés des lignes ordinaires.

Pour assurer, d'une façon définitive et sûre pouvant faire face à tous les temps, cet écoulement continuel indispensable, nous projetons un aqueduc collecteur dans toute la longueur de la ligne. Les eaux tombant directement sur la voie, traversant sans obstacle l'empierrement du ballast retenu sur ses deux côtés, s'écouleront dans cet aqueduc par la voûte qui en sera établie à pierres sèches et traversée de barbacanes.

La voie sera ainsi toujours asséchée.

Quant aux eaux, plus abondantes sans doute, descendant des flancs des montagnes, elles arrivent se déverser dans le fossé parallèle à la ligne. Par ce même fossé continu seraient aussi arrêtés, en même temps que les eaux, les cailloux entraînés et les quelques petits blocs de pierre qui roulent des versants inclinés. De distance en distance, un aqueduc incliné vertical, communiquant souterrainement du fossé à l'aqueduc collecteur, viendrait y porter les eaux latérales.

De distance en distance également, suivant les facilités offertes par les plis du terrain, des aqueducs de décharge rejetteraient dans le fond des vallées toutes ces eaux venues de divers côtés.

La planche n° 6 donne une idée de l'ensemble de ces aménagements, dont les termes, on le voit, sont simples, peu dispendieux et seraient amplement suffisants. D'ailleurs, et nous croyons que ce serait là une utile et fructueuse opération, on pourrait, suivant la situation de la ligne, pratiquer sur une certaine largeur, tout le long du fossé d'amont, des plantations de sapins là où il ne s'en trouverait pas. Ces plantations, qui réussissent parfaitement dans le pays et qui ont, dans un but semblable au nôtre, été faites ou projetées dans divers tracés de montagne, notamment pour la ligne autrichienne du Brenner, arriveraient à former, après un certain temps, un rempart naturel qui empêcherait les ravinements et la chûte des détritus du sol.

Établi dans des conditions suffisantes, l'aqueduc collecteur que nous projetons aurait encore un autre but, avantageux surtout dans les parties de la voie couverte et souterraine. Il offrirait un moyen sûr de passage et aussi de sauvetage dans les cas d'accidents que, sur toutes les voies ferrées, on est dans la nécessité de prévoir et aussi de combattre, ou d'atténuer au moins par tous les moyens possibles.

Dans le but enfin de remédier aux effets de cette ascension constante que, du nord au sud et du sud au nord, sur les deux versants de la montagne à traverser, les parcours alpestres ont à subir, nous projetons l'établissement, aux diverses stations, de prolongements de paliers.

Outre le palier normal de chaque station, de 200 m. de longueur, entre deux inclinaisons, nous croyons qu'il serait utile de ménager sur trois cents mètres un prolongement de ces paliers, latéral à la voie principale. Cette combinaison aurait deux effets. Le premier serait de permettre toutes les manœuvres possibles et probables dans les trains de marchandises et de voyageurs, garages, réunions, etc.; le second, de donner aux trains montants la facilité d'opérer, pour se lancer sur la rampe à parcourir, un mouvement de recul qui leur donnerait plus de champ qu'un palier de 200 m. seulement, dont il faut retrancher au moins la longueur du train. Ce mouvement de recul, à l'aide de ce prolongement de palier, en diminuant par la vitesse acquise, l'effort à produire à la rencontre de la rampe, produirait, nous le croyons, une économie de vapeur et d'usure de matériel, en même temps qu'une plus grande sécurité de parcours. Cette économie serait minime sans doute pour chaque train, mais, souvent répétée, arriverait à une certaine importance. En fait d'exploitation, il n'y a pas de petite économie.

Pour la descente des trains, ce prolongement horizontal offrirait également une garantie de sécurité; il n'y aurait alors nullement à craindre qu'entraînés par leur vitesse, ceux-ci pussent franchir le palier et continuer d'une façon dangereuse leur parcours. Une simple manœuvre d'aiguillage parerait à ce périlleux inconvénient. Les mêmes dispositions s'appliquent également à toutes les stations. Nous croyons, en résumé, que ces combinaisons de voie assurent dans leur généralité les trois termes corrélatifs que demande toute exploitation de ligne ferrée importante: sécurité, régularité, rapidité. La similitude ainsi obtenue, et c'était là l'un de nos buts, entre cette situation et celle des chemins ordinaires, consacrés par le temps, l'expérience et l'opinion, en est la meilleure garantie désirable.

Tunnel. — Les têtes du tunnel à pratiquer sous le faîte de Menouve, entre les deux versants de la montagne sont, comme nous l'avons dit, à l'altitude de 1800 m. Sur deux kilomètres au nord, l'inclinaison de la voie projetée est de 0,020 m/m, puis, sur 600 m., elle devient de 0,010 m/m et précède un palier de 600 m., après lequel, descendant sur le versant sud, se reproduisent 600 m. à 0,010 m/m et 2 kilomètres à 0,020 m/m, ce qui donne une longueur totale de 5800 mètres.

D'après la disposition des versants, aux environs du faîte, ce tunnel est praticable au moyen de quatre galeries inclinées, deux sur le versant nord et deux sur le versant sud (voir pl. 7), ce qui constitue six attaques simultanées. La durée de la percée se réduit donc à une quantité de 1517 m., longueur moyenne des deux attaques supérieures.

Après les deux sections des têtes, la première galerie aurait 430 m. de long, une inclinaison de 0,030 m/m et déboucherait à 1400 m. de la tête septentrionale.

La seconde aurait 808 m. de longueur, la même inclinaison que la précédente, qui est d'ailleurs celle des quatre galeries et déboucherait à 2400 m. de la tête nord, soit à 1000 m. de la première galerie. Les deux autres, sur le versant sud, auraient 555 m. et 1076 m. de longueur; elles déboucheraient à peu près à la même distance de la tête méridionale que les deux premières de l'autre extrémité. Il y aurait donc au milieu du tunnel 1100 m. seulement à attaquer par les deux secondes galeries.

Dans ces galeries, ainsi que dans l'intérieur du tunnel, un aqueduc collecteur est établi dans les proportions nécessaires pour permettre en toute sûreté l'aérage et l'assèchement, en même temps qu'un sauvetage plus facile en cas d'accident.

Afin que l'aérage du souterrain et sa sécurité soient assurés après la construction, ces galeries devraient rester libres et praticables, ce qui n'existe pas dans les tunnels analogues percés jusqu'à ce jour.

Dans l'intérieur et dans toute la longueur du souterrain, la voie principale se trouve dans les mêmes conditions que pour le reste du tracé, mais sur les 600 m. de palier aménagés au milieu, nous avons projeté un élargissement de 3 m. 30 (voir pl. n. 7).

Préoccupation qui ne nous quitte jamais, la pensée d'assurer aux transports la sécurité, la rapidité et l'économie, dans les plus grandes proportions possibles, nous a conduits à l'établissement d'une gare dans le tunnel. Moyennant cet élargissement de 3 m. 30 sur une longueur de 600 m., en palier, les facilités d'une voie de garage et l'installation d'une construction capable de contenir un certain nombre d'hommes et quelques bureaux se trouvent assurés. En supposant que pour plus d'économie dans l'exploitation, on réunisse pour la descente, sur le point culminant du tracé, deux trains ayant monté séparés, ces voies de garage assurent toutes les combinaisons possibles.

En outre, facilité secondaire, mais à laquelle les voyages alpestres donnent quelque valeur, pendant l'été, cette gare pourrait fournir aux nombreux touristes qui parcourent les Alpes, les moyens de se rendre, par les galeries inclinées, toujours ouvertes, sur les sommets du groupe du Grand-Saint-Bernard, où les installations faites à l'orifice de ces mêmes galeries pour la construction, étant rendues permanentes, offriraient un lieu de stationnement et de réfection, de logement même.

Venant s'ajouter aux moyens que présente l'aqueduc établi sous le ballast de la voie, dans toute la longueur de celle-ci, cette gare et ces galeries donneraient, le cas échéant, de nouveaux moyens de sauvetage qui feraient, par leur nombre et leur disposition, de ce tunnel alpestre le plus sûr, relativement, de tous les souterrains d'une longueur analogue, même en pays de plaine; car, ces moyens de sauvetage n'existent dans aucun des tunnels établis jusqu'ici.

Les commencements de percement qui ont été tentés pour la route du Grand-Saint-Bernard, par le col de Menouve, sur 62 m. du côté sud et 39 m. du côté nord, par des ingénieurs italiens et M. de Quartery, ingénieur des ponts-et-chaussées français, ont permis de connaître, à peu près exactement, la masse géologique de la montagne. Elle est composée d'une roche dure, compacte, qui n'a pas donné de suintement, et qui ne nécessitera pas probablement les revêtements en maçonnerie que néanmoins nous comprenons dans nos projets.

Mettant de côté, à cette hauteur, les perfectionnements dispendieux et féconds en accidents et en complications qui sont en usage au Mont-Cenis, nous en tenant aux moyens plus simples et suffisants employés jusqu'ici dans le percement des tunnels ordinaires, nous pouvons porter entre 4 et 5 ans le temps de l'achèvement de celui de Menouve.

Ce travail étant, par sa nature, le plus long de tous ceux que comporte la construction du chemin de fer, cette période de 4 ans et demi peut être prise comme celle de l'établissement de la voie ferrée tout entière. Car, si les autres parties de la construction marchent en général plus rapidement, nous ne devons pas oublier que, dans les hauteurs où nous sommes, le climat amènera chaque année la suspension des travaux à l'air pendant plusieurs mois, tandis que les travaux souterrains pourront continuer sans interruption.

Il semblerait que cette période n'a rien d'exagéré, ni dans un sens ni dans l'autre, qu'elle reste dans la mesure que l'expérience a indiquée, en tenant même compte de l'augmentation de temps que peut causer la hauteur à laquelle le travail doit s'exécuter. Cependant, si l'on considère que la durée du travail tout entier correspond à une percée de 1500 m. de longueur seulement, on pourra se convaincre que cette estimation de temps est supérieure à ce qui sera réellement nécessaire. Un exemple des plus récents le confirme. Le tunnel de Oazurza établi près de Cégama, pour la traversée des Pyrénées sur le chemin du nord de l'Espagne, dans des conditions très-difficiles, en terrain de rocher de grès éboulant et contenant beaucoup d'eau, a permis un avancement moyen d'un mètre par jour à chaque galerie d'attaque, et la dépense a été de 2,100 francs le mètre courant, tous frais compris.

Après cette description du tunnel que nous projetons, nous ne sommes pas entrés dans le détail des moyens de sa construction. Nous n'avons pas jugé nécessaire de le faire, ou plutôt de le présenter préalablement. Bien que cette question soit d'une grande importance, deux raisons nous ont empêché de l'aborder. La première, qu'une étude minutieuse du terrain peut seule, selon les conditions qu'on rencontrera, donner le dernier mot des moyens les plus avantageux à employer et que, par conséquent, il vaut mieux ne rien préjuger. La seconde, que les dimensions du travail, n'offrant rien d'anormal et qui ne se soit déjà présenté, l'on n'a pas à compter avec des éléments excessifs ou inconnus, et, par suite, à sortir non plus, *essentiellement*, des moyens qui, ailleurs, ont été mis en œuvre et ont réussi.

Couverture de la voie. — Mais l'assèchement assuré de la voie et le tunnel sous le faîte à franchir, ne forment pas la résolution de toutes les difficultés qu'opposent les Alpes au passage d'un chemin de fer. Le climat exceptionnel de ces régions élevées présente de nouveaux obstacles dans un froid rigoureux, des vents violents et des tempêtes de neige, ainsi que dans ce que l'on appelle les avalanches.

Agassiz, l'un des naturalistes qui, après de Saussure, ont le mieux connu et décrit la nature alpestre, parle ainsi : « La neige à gros flocons ne tombe guère que par un temps calme et souvent par une température de plusieurs degrés au-dessus de zéro. Mais il suffit d'un vent froid pour qu'à l'instant elle change de forme ; elle devient alors fine, poudreuse, plus ou moins grenue ; néanmoins on ne peut tracer une limite tranchée entre les différentes espèces de neige grenue et la neige à gros flocons. »

« La plupart de ces formes se retrouvent dans la plaine, mais, dans les Alpes, les variations sont plus brusques. C'est la conséquence de l'instabilité du vent qui change d'un moment à l'autre dans ces régions. »

« La neige qui tombe sous l'influence des vents froids, est sèche et peut en conséquence s'agglomérer; tombée à l'état poudreux ou grenu, elle devient le jouet des vents ; plus on s'élève dans la montagne, plus la température diminue et plus on a de chance de rencontrer de la neige sèche et grenue, c'est pourquoi cette neige domine toujours dans les hautes régions, tandis que la neige floconneuse domine dans la plaine. »

« La neige étant par sa nature très légère, ne conserve pas longtemps l'épaisseur qu'elle avait au moment de sa chûte, elle se tasse à mesure qu'elle vieillit et sa dureté augmente à proportion. L'évaporation la réduit aussi, de sorte que, sans éprouver de fonte sensible, la couche de neige qui serait très-épaisse si elle avait conservé sa forme primitive, se trouve réduite à un dépôt relativement très-faible. »

Cependant si la neige arrive, par le tassement, à prendre un volume réduit bien moindre que celui qu'elle présente d'abord et dont on serait tenté de s'effrayer, sa ténuité même qui est une des causes de cette réduction, offre d'autres inconvénients. Poussière impalpable et pénétrante, elle se loge partout et traverse les fissures les plus étroites. Nous avons vu maintes fois nous-mêmes, par des temps de grand vent, cette neige fine et grenue entrer par des trous de serrures dans des chambres fermées et s'y amasser en cône volumineux contre les portes. Jointe au froid, pendant l'hiver surtout, il est certain que cette sorte d'infiltration générale pourrait amener des embarras de détails continuels et très-gênants. Ces inconvénients seraient, par exemple, des empêchements dans le jeu régulier des machines, le refroidissement du foyer par la neige qui y entrerait et y serait aspirée par le tirage, et même l'extinction totale du feu et, par suite, l'arrêt complet des trains.

Quant aux avalanches, elles ont, « comme les cours d'eau leur hydrographie, et leur chûte affecte une certaine continuité. La neige commence à glisser sur certains points des montagnes, pour ainsi dire, du jour où elle commence à tomber sur la terre. Son adhérence au sol et à elle-même variant dans les limites les plus étendues et sa densité étant également variable, son talus naturel ne peut jamais être le même ; il en résulte que les variations de température font glisser la neige tout autant qu'elles la retiennent sur les pentes qu'elle recouvre. »

« Si la température s'élève et que le brouillard apporte de l'humidité, ou bien si le soleil se montre par un temps calme, l'eau, devenue libre par la fonte de la surface de la neige, pénètre dans les parties inférieures et transforme la neige en néve. Elle augmente ainsi sa pesanteur spécifique et l'inclinaison du talus naturel change immédiatement, mais ce n'est pas une cause certaine pour que le glissement ait lieu, parce que le vent, le froid de la nuit, viennent durcir la surface de la neige humide et lui ôtent de sa mobilité. Au contraire, quand le froid est vif et que la neige tombe grenue, son adhérence à elle-même est si faible, qu'elle ne résiste pas au moindre vent et qu'elle glisse sur des pentes où, en toute autre circonstance, elle adhérera toujours pour ne disparaître que sous l'influence du retour de l'été. »

« En général, la neige reste adhérente aux flancs des montagnes. Elle s'y accumule sous des pentes d'une inclinaison considérable et s'y maintient à des épaisseurs très-grandes. Exceptionnellement, la neige glisse comme l'eau coule, mais plus difficilement ; il faut pour cela des angles d'inclinaison très-rapprochés de la verticale ; l'opinion des observateurs est que le glissement ne prend son origine que sur des plans dont l'inclinaison dépasse 50 à 55 degrés. Ces plans inclinés sont connus; ils se relèvent d'ailleurs incessamment par le glissement continu des avalanches lorsque la température fait varier la densité de la neige et, par suite, l'angle d'inclinaison sur lequel elle peut rester en repos. Il résulte de là qu'il est très-facile de reconnaître les points où les avalanches se produisent, de prévoir leur intensité, d'après l'état de la température, et de réduire ainsi à des circonstances exceptionnelles les limites de l'imprévu. »

« Le régime des avalanches régulières et celui des avalanches qui ne se produisent qu'à de grands intervalles ou à partir de l'époque où commence la fonte des neiges, est, dans chacune des passes des Alpes, bien connu des habitants de la montagne qui sont, en effet, les premiers intéressés à le connaître exactement. »

Nous empruntons cette description, généralement exacte, des avalanches et de leurs causes à M. Flachat, qui, de tous les auteurs de projets de voies ferrées alpestres a dû s'en occuper le plus spécialement, puisqu'il propose un passage à ciel ouvert. Mais, si M. Flachat a saisi et rendu les causes des avalanches, il ne parle pas de leurs effets et c'était évidemment là le point capital. Or, ce n'est pas seulement sur son parcours que l'avalanche est dangereuse; mais, dans sa chûte, elle projette autour d'elle, et surtout devant elle, à de grandes distances, de nombreuses causes d'accidents.

En traitant des orages et des vents alpestres, de Saussure continue ainsi: « Sur ces hautes montagnes, les bouffées de vent les plus violentes alternent avec des intervalles du calme le plus parfait. » Le vent tendait, « avec la plus grande force, » les cordes et la toile de la tente où son fils et lui s'abritaient sur le col du Géant, puis, « tout à coup, on les voyait dans l'air, à plat, sans la plus légère tension et sans le moindre mouvement et, l'instant d'après, le vent se ranimait comme si c'eût été un coup de tonnerre.»

« . . . . Si l'on occupe un poste dominé par les hauteurs, comme par la cîme du Géant, ou par quelque cîme plus élevée, il doit nécessairement arriver que le vent, en changeant de direction, souffle par intervalles dans celle de quelqu'une des cîmes qui tiennent ce poste à l'abri; alors, le calme y règne: mais, ensuite, lorsque cette direction change, on est exposé à toute la violence du vent direct, et même il s'y joint souvent des vents réfléchis qui produisent des tourbillons ou des coups d'une extrême violence.»

M. Flachat, auquel nous empruntons ces citations, ajoute: « Il y a une analogie frappante entre les tourmentes de neige dans les Alpes et ce que les marins appellent en mer un grain. Soit que les grandes et subites variations de température accroissent les effets de raréfaction de l'air ou plutôt la différence de pression atmosphérique, qui donne naissance aux vents, toujours est-il que, dans les Alpes, la saison des tourmentes est celle aussi de la tombée des neiges. Les tourmentes causées par un orage n'ont qu'une durée très-limitée, tandis que les tourmentes de neige peuvent durer un, deux ou trois jours. » Cependant, si, comme condition atmosphérique ou plutôt météorologique, il y a analogie entre une tourmente alpestre et un grain en mer, il y a aussi, entre ces deux phénomènes, des différences qui naissent des milieux où ils se produisent. En mer, le grain s'annonce et se prévoit, ayant devant lui et autour de lui tout l'espace, il s'étend et, par là même, s'affaiblit. Mais la tourmente est plus soudaine et plus terrible. Un train en marche, qui n'en a pas souffert dans toute une partie de son parcours, la rencontre brusquement au détour d'une montagne, soufflant d'autant plus irritée qu'elle est plus resserrée; c'est un assaut violent, une irruption furieuse de face ou de flanc. Quelles limites peut-on assigner aux effets d'une force semblable? Aussi, M. Flachat nous semble-t-il ne s'être pas rendu un compte exact de ces obstacles, auxquels nous pourrions ajouter encore l'abaissement de température qui descend parfois jusqu'à 15° au-dessous de zéro. Cette méconnaissance, cette insuffisante appréciation des conditions climatériques des Alpes ne nous étonne pas, même dans un esprit aussi distingué que celui de l'auteur que nous avons cité: on ne peut bien juger cet état exceptionnel qu'en y ayant été soumis longtemps et l'ayant soi-même expérimenté, et il est impossible que cela soit, si l'on n'a pas habité un peu longuement, d'une façon continue, ces montagnes. Aussi, voyons-nous de tous les auteurs de tracés alpestres, M. Flachat seul, avoir proposé un tracé à ciel ouvert. Tous les autres ingénieurs, notamment ceux de la Suisse qui sont les mieux placés pour connaître cet aspect de la question, considérant le passage à ciel ouvert comme impossible, ont mis en avant, ou de longs souterrains, ou des galeries couvertes dans les hauteurs. Au Lukmanier même, moins élevé cependant de 103 m. que le Simplon, M. Michel abandonna promptement le tracé à ciel ouvert qu'il avait primitivement proposé.

D'accord avec tous les auteurs suisses dans l'idée sage et prudente, et sur la nécessité même de ne pas affronter les obstacles climatériques que présentent les Alpes dans leurs hauteurs, nous avons, avec quelques-uns d'entre eux, projeté de couvrir notre voie à partir de l'altitude où ces obstacles s'accumulent et prennent des proportions dangereuses. En agissant ainsi, nous mettons de suite et à jamais la voie, et par suite l'exploitation, à l'abri des grands froids, des neiges, des tourmentes et des avalanches. Ces phénomènes se passent alors au-dessus et autour de l'exploitation sans l'affecter et sans l'entraver, sa régularité, sa rapidité, sa sécurité sont maintenues et sauvegardées. Si l'on considère que sur la ligne du Jura-Industriel des amoncellements de neige ont, tout récemment, arrêté la marche des trains pendant trois jours, et cela à des hauteurs bien moindres que celles que nous parcourons; si l'on se reporte aux terribles coups de vent qui renversèrent dans la plaine de Narbonne une partie d'un train, on comprendra la valeur de la garantie qu'offre la couverture de la voie dans les lieux où des faits analogues pourraient se produire. De plus, en même temps que cette précaution assure l'exploitation contre toute éventualité, même la plus exceptionnelle et la met complétement à l'abri, elle la débarrasse de toutes les complications et de tous les frais qu'entraînerait l'entretien de la voie dans une semblable situation. Chasse-neige, charriots déverseurs, équipes volantes d'ouvriers pour le déblaiement continuel de la voie, sont écartés et rendus inutiles.

Les tableaux suivants indiquent l'état climatérique du passage du Grand-Saint-Bernard dans ses détails. Cet état atmosphérique étendant au nord et au sud, mais surtout au nord, dans l'Entremont, une influence dont les effets suivent la dégradation des hauteurs et s'affaiblissent à mesure qu'on descend, permet de fixer à 1400 m. environ l'altitude approximative à laquelle il sera nécessaire de commencer à couvrir la voie d'une manière continue. Cette altitude est également celle où M. Michel, dans son projet par le Lukmanier, avait fixé le point de départ d'une semblable mesure.

Grand-St-Bernard. Hauteur de la neige tombée par mois en millimètres.

MOIS	1847	1848	1849	1850	1851	1852	1853	1854	1855	1856	1857	1858
Janvier . .	1040	1130	2190	1466	1286	1322	2050	1240	1070	1870	480	284
Février . .	1830	3350	620	1318	1220	1514	1900	270	1236	460	»	579
Mars . . .	755	2690	1017	385	1867	592	2158	95	1015	190	260	405
Avril . . .	325	315	814	1270	2280	797	1940	650	1043	1120	1204	720
Mai . . .	75	90	1005	1242	1980	500	1245	805	695	2001	139	728
Juin . . .	545	70	617	20	40	665	688	190	200	»	160	»
Juillet . . .	320	60	»	»	705	»	35	113	»	10	12	140
Août . . .	80	130	70	257	342	210	130	20	»	15	»	70
Septembre .	218	135	555	146	1290	470	238	»	»	365	»	»
Octobre . .	»	1000	262	1085	550	1485	1715	1015	1193	348	781	210
Novembre .	1020	»	1437	1410	985	510	830	1435	871	345	399	1260
Décembre .	1160	»	1157	711	3	510	553	615	365	675	92	1290

Grand-St-Bernard. Maximum de la neige tombée par jour en millimètres.

MOIS	1847	1848	1849	1850	1851	1852	1853	1854	1855	1856	1857	1858
Janvier . .	430	510	450	261	338	398	375	210	375	350	250	200
Février . .	510	425	300	357	285	290	270	»	200	220	»	170
Mars . . .	280	560	407	208	620	160	280	»	250	100	100	270
Avril . . .	325	460	243	342	620	215	325	220	303	150	200	250
Mai . . .	75	60	310	330	350	150	210	140	344	250	64	200
Juin . . .	180	70	»	20	30	200	180	95	140	»	160	»
Juillet . . .	220	60	»	»	260	»	25	100	»	10	7	50
Août . . .	50	100	70	197	160	175	130	15	»	»	»	70
Septembre .	100	60	350	90	200	160	90	»	»	150	»	»
Octobre . .	»	200	100	205	135	230	350	265	340	276	350	100
Novembre .	610	»	234	283	320	90	290	350	200	200	190	300
Décembre .	360	»	205	265	3	340	230	130	150	104	53	240

Relevé du nombre des jours de neige au Grand-St-Bernard, de 1847 à 1859.

MOIS	1847	1848	1849	1850	1851	1852	1853	1854	1855	1856	1857	1858	1859
Janvier . .	8	9	7	14	8	14	17	13	8	13	3	3	6
Février . .	9	15	3	9	13	11	17	9	16	3	»	6	9
Mars . . .	9	19	5	6	13	8	19	4	14	4	3	5	9
Avril . . .	7	17	13	10	18	13	19	9	8	14	12	7	8
Mai . . .	2	2	13	10	16	11	21	14	9	13	3	10	9
Juin . . .	8	1	1	1	2	12	12	5	3	»	»	»	5
Juillet . . .	2	1	»	»	9	»	2	3	»	1	2	3	»
Août . . .	3	3	1	2	7	4	1	2	»	1	»	1	1
Septembre .	5	5	4	3	13	7	7	»	»	5	»	»	2
Octobre . .	»	12	7	15	10	13	15	8	10	3	5	3	8
Novembre .	6	»	12	»	16	9	9	14	10	4	4	10	5
Décembre .	8	»	12	6	1	9	12	11	5	5	2	11	7
TOTAUX . .	67	84	78	76	126	111	151	92	83	66	34	59	69

C'est donc un total de 1096 jours de neige pour treize années, soit en moyenne 84 jours par an. Dans l'espace de douze années que nous avons considérées pour la quantité de neige tombée, la hauteur maxima de la neige tombée en un jour, s'est produite en novembre 1847, où elle a atteint 0,61 c. En se rappelant que cette neige tombe généralement floconneuse dans les parties inférieures des vallées, c'est-à-dire dans un état où elle est peu consistante, il est facile de voir que le passage continuel des trains sur un tracé en flanc de coteau, mais jamais complétement en tranchée et permettant un écartement facile de toute accumulation, suffira, jusqu'à la hauteur où la neige devient grenue et plus sèche, pour l'empêcher de dégénerer en obstacle.

Quant à l'état de la température, c'est-à-dire l'intensité du froid aux diverses époques de l'année, le relevé ci-dessous pour 1858, peut le faire apprécier.

État de la température au Grand-St-Bernard en 1858.

SAISONS	Température moyenne en degrés centig.	Minimum moyen en degrés centigr.	Maximum moyen en degrés centigr.
Hiver . .	— 8,50	— 12,38	— 4,47
Printemps.	— 9,41	— 8,03	+ 1,93
Été. . .	+ 4,24	+ 0,71	+ 9,46
Automne .	— 0,91	—	+ 2,43
Année . .	— 1,97	—	+ 2,38

Au moyen du tableau suivant qui indique les différences de température entre les deux stations de Genève et du Grand-Saint-Bernard, dont la différence d'altitude est 2070 m., on peut calculer approximativement la température d'un point quelconque entre ces deux hauteurs. Notons que le signe (+) doit précéder tous les chiffres ci-dessous.

Décembre 1857	Janvier 1858	Février	Mars	Avril	Mai	Juin	Juillet	Août	Septembre	Octobre	Novembre	Moyenne
5,10	8,57	10,59	11,47	12,26	12,46	12,66	12,80	12,01	11,36	10,78	9,95	10,38

D'après ces exemples, à la hauteur de 1400 m., l'intensité maxima du froid atteindrait 8° au-dessous de zéro et plus ordinairement 5°. C'est là un abaissement de température qu'on rencontre fréquemment en France et qui n'a rien d'inquiétant.

Maintenant, comme dans les galeries que nous avons projetées et que nous allons décrire, nous réservons l'aérage et l'évacuation de la vapeur, en même temps que l'éclairage de la voie au moyen de fenêtres, nous devons indiquer les états de l'atmosphère et du jour. Il est certain, en effet, que selon le calme et la clarté plus ou moins grands de l'air et du ciel, devra varier l'usage des ouvertures aménagées pour les facilités de l'exploitation.

*

État indiquant la clarté du ciel sur le Grand-Saint-Bernard.

(Les chiffres expriment par fractions décimales le nombre de fois que sur 100 observations faites chaque jour à la même heure, le ciel a été trouvé pur dans plus de la moitié de l'espace visible à l'observateur).

ANNÉES	Janvier	Février	Mars	Avril	Mai	Juin	Juillet	Août	Septembre	Octobre	Novembre	Décembre
1849	0,54	0,26	0,46	0,75	0,74	0,53	0,44	0,46	0,71	0,57	0,47	0,57
1850	0,55	0,42	0,57	0,33	0,78	0,72	0,6[illegible]	0,54	0,68	0,55	0,62	0,54
1851	0,43	0,51	0,66	0,75	0,78	0,47	0,67	0,56	0,68	0,57	0,76	0,13
1852	0,51	0,54	0,32	0,58	0,70	0,75	0,57	0,57	0,66	0,61	0,63	0,45
1853	0,62	0,69	0,68	0,81	0,85	0,67	0,70	0,47	0,59	0,62	0,55	0,46
1854	0,43	0,48	0,30	0,56	0,83	0,73	0,64	0,51	0,27	0,64	0,64	0,67
1855	0,37	0,73	0,73	0,61	0,78	0,65	0,64	0,53	0,73	0,72	0,67	0,42
1856	0,77	0,47	0,50	0,80	0,78	0,63	0,62	0,56	0,91	0,48	0,53	0,50
1857	0,49	0,40	0,58	0,74	0,76	0,68	0,57	0,65	0,63	0,73	0,38	0,20
1858	0,32	0,56	0,54	0,69	0,68	0,49	0,68	0,60	0,57	0,62	0,48	0,46
1859	0,23	0,52	0,53	0,68	0,76	0,73	0,41	0,55	0,51	0,61	0,48	0,5
Moyenne	0,478	0,507	0,533	0,663	0,769	0,613	0,597	0,554	0,62	0,610	0,564	0,449

État indiquant la clarté du ciel sur le Grand-Saint-Bernard pendant l'année 1858.

	Décembre 1857	Janvier 1858	Février	Mars	Avril	Mai	Juin	Juillet	Août	Septembre	Octobre	Novembre	Hiver	Printemps	Été	Automne	Année
Jours clairs......	22	20	7	9	3	5	8	3	5	4	9	11	49	17	16	24	106
» nuageux..	5	5	8	11	11	8	17	11	14	14	6	12	19	30	40	32	121
» couverts..	6	6	13	11	16	18	7	17	12	13	16	7	22	47	36	35	»
Clarté moyenne	0,20	0,32	0,56	0,54	0,69	0,68	0,49	0,68	0,60	0,57	0,62	0,48	0,35	0,64	0,59	0,56	0,54

Il résulte donc de ces observations que, généralement, pour une année entière, le ciel s'est trouvé pur dans plus de la moitié de l'espace visible, 59 fois sur 100, plus de la moitié aussi du nombre des observations faites.

État indiquant le calme parfait de l'atmosphère sur le Grand-St-Bernard.

(Les fractions décimales indiquent le nombre de fois que sur cent observations l'atmosphère a été trouvée calme).

ANNÉES	Janvier	Février	Mars	Avril	Mai	Juin	Juillet	Août	Septembre	Octobre	Novembre	Décembre
1849	0,00	0,73	0,42	0,16	0,50	0,32	0,27	0,20	0,33	0 38	0,38	0,29
1850	0,30	0,37	0,27	0,27	0,20	0,33	0,17	0,20	0.40	0,00	0,51	0,65
1851	0,48	0,29	0,19	0,32	0,14	0,35	0,34	0,25	0,09	0,22	0,10	0,36
1852	0,11	0,04	0,20	0,10	0,38	0,11	0,34	0,15	0,24	0,55	0,30	0,29
1853	0,11	0,03	0,10	0,06	0,00	0,13	0,46	0,08	0,09	0,15	0,12	0.07
1854	0,02	0,01	,06	0,03	0,09	0,01	0,06	0,05	0,16	0,24	0,07	0,12
1855	0,01	0,08	0,07	0,04	0,04	0,27	0,14	0,13	0,09	0,05	0,00	0,07
1856	0,13	0,18	0,10	0.10	0,08	0,22	0,21	0,14	5,06	0,37	0,12	0,17
1857	0,06	0,10	0,13	0,21	0,12	0,14	0,10	0,08	0,03	0,06	0,13	0,18
1858	0,05	0,04	0,02	0,03	0,05	0,02	0,02	0,04	0,11	0,18	0,07	0,05
1859	0,05	0,01	0,00	0,03	0,09	0,01	0,16	0,09	0,05	0,13	0,10	0,04
Moyenne	0,12	0,17	0,14	0,12	0,15	0,17	0,20	0,12	0,15	0,21	0,17	0,20

En résumé, d'après ces données, sur 365 jours qui composent l'année, on peut compter 79 jours pendant lesquels il tombe de la neige; sur ce nombre, il en est quatre dixièmes pendant lesquels l'épaisseur tombée par jour n'excède pas 0,050 m/m, et près de six dixièmes dans lesquels cette hauteur n'excède pas 0,20 c. Le ciel est pur et le temps clair 215 jours sur 365. Enfin, puisqu'en moyenne, sur cent observations faites chaque mois, l'atmosphère est parfaitement calme seize fois sur toute l'année, il y aura une valeur de calme parfait équivalant à 64 jours ou environ deux mois. On peut considérer ces données et ces résultats comme étant d'une grande exactitude, car les observations faites depuis nombre d'années au Grand-Saint-Bernard et annuellement consignées dans la *Bibliothèque publique* de Genève, sont assidûment et soigneusement traitées par les ecclésiastiques de l'Hospice qui s'en sont chargés. C'est le seul point des hauteurs alpestres où elles soient faites avec cette attention, cette persévérance régulière et ce détail. Elles permettent, ainsi que pour le Grand-Saint-Bernard, plus exactement que dans tout autre passage, de se rendre un compte réel des conditions climatériques d'un tracé.

Mais pour se faire une idée juste de la situation de notre projet, il importe d'atténuer notablement les conditions dans lesquelles ces observations semblent placer notre partie de voie à ciel ouvert. Nous avons réussi, en effet, à mettre celle-ci presque toujours dans une exposition sud, où elle se trouve à l'abri des influences du nord qui sont les plus dangereuses. Quant à notre voie sous galerie, elle se soustrait à quelques-unes, les plus redoutables, de ces conditions climatériques.

Aux environs des altitudes de 13 à 1400 mètres, le besoin de la couverture de la voie se fera sans doute sentir; nous comptons donc une longueur maxima de 20 kilomètres sur les deux versants réunis. En outre, il sera peut-être à propos, dans quelques passes exceptionnelles et plus exposées, de couvrir la voie sur de très-petites longueurs. Dans ce cas, il suffirait de simples constructions en mélèze. Ces constructions sont d'un établissement économique, et leur solidité est éprouvée, puisque dans la montagne, des habitations ainsi établies durent depuis plus de deux-cents ans. Ce détail, possible plutôt que certain, étant de peu d'importance, nous ne nous y arrêterons pas.

Deux modes de couverture de la voie, dans la partie où celle-ci doit être complètement garantie, se trouvent nécessaires.

L'un, destiné à la mettre à l'abri des effets climatériques ordinaires, froid intense, tourmente de neige, grands vents; l'autre, à la sauvegarder contre les avalanches, qui sont les plus puissantes causes de perturbation.

Dans le premier système (*voir planche n° 9*), la voie reste dans les mêmes conditions d'assiette que celles où elle se trouve à ciel ouvert; seuls, les parapets qui la bordent de chaque côté sont changés. Ils sont élargis et deviennent les pieds droits d'une voûte dont la naissance comporte une épaisseur de maçonnerie de 1 m. 20 c. Cette voûte, d'une hauteur de 6 m. au-dessus du ballast, est un compromis entre le plein cintre et l'ogive. Ce compromis était nécessaire : il permet d'emprunter au plein cintre la largeur voulue, et prend à la forme ogivale l'inclinaison plus rapide de ses parois.

Un plein cintre complet eût, par ses contours largement arrondis, conservé sur sa partie extérieure la neige qui s'y fût amassée ; l'ogive eût nécessité une hauteur de voûte considérable pour qu'on pût conserver la largeur voulue pour le passage des trains. La forme à laquelle nous nous sommes arrêtés, résume les avantages et rejette les inconvénients inhérents aux deux systèmes.

Du côté de la vallée et dans l'intérieur de la voûte, tous les 20 mètres, nous établissons une baie d'évitement, sur 5 m. de largeur et 0,50 c. de profondeur pour le service de la voie. Entre deux baies d'évitement se trouvent placées alternativement une fenêtre latérale et une ouverture supérieure. L'espace entre deux fenêtres latérales, comme entre deux ouvertures supérieures, est uniformément de 50 m. Les ouvertures supérieures sont surtout destinées à faire évacuer la vapeur; les fenêtres latérales, à donner de l'air et du jour. Mais il est évident que les deux moyens se prêtent un mutuel secours.

Les fenêtres latérales, d'une longueur de 2 m., à deux battants, sur 2 m. 50 c. de hauteur, glissent sur des rainures et rentrent dans l'intérieur de la voûte le long des pieds droits de celle-ci. Cette disposition qui est celle qui offre le moins de prise au vent et au froid, est la plus facilement maniable; avec celle des baies d'évitement, elle règne dans toute la longueur du parcours couvert.

Tout en étant très-simple aussi, le fonctionnement des ouvertures supérieures pratiquées sur la voûte, est un peu plus compliqué cependant que celui des fenêtres, qui est généralement connu. Le système de ces ouvertures supérieures est exactement celui qui est employé dans les habitations du Valais pour le même usage: l'évacuation de la fumée hors des cheminées. Il consiste en une sorte de sauterelle articulée, en fer. Dans l'état de fermeture des ventouses, les deux branches du milieu de la sauterelle, au-dessus de l'axe de la voie, restent horizontales, et les ventaux verticaux s'emboîtent entre les pieds droits fixes qui soutiennent le toit établi au-dessus de l'ouverture de la voûte, de manière qu'ils remplissent exactement leur châssis et l'obstruent. Lorsqu'au contraire, à l'aide d'un crochet fixé dans la voûte et sur lequel sera relevée l'articulation du milieu de la sauterelle, les branches horizontales de celle-ci se trouveront à 45°, les ventaux verticaux suivant le même mouvement dans l'intérieur de la voûte, les châssis dégagés deviendront des ouvertures libres. Rendue à elle-même la sauterelle reprend, par son propre poids, sa position première et les ventaux sont de nouveau fermés. Si on voulait ouvrir ou fermer séparément les ventaux, on n'aurait qu'à mettre une sauterelle à chacun, c'est-à-dire, isoler les deux parties du précédent système, en rendant fixe l'articulation du milieu. Ce dernier aménagement serait peut-être plus avantageux, en donnant la facilité de manœuvrer sur les côtés de la voûte au lieu de le faire sur l'axe et en permettant aussi de profiter de la direction des vents. Ce sont là, d'ailleurs, des questions de détail auxquelles nous n'avons pas à nous arrêter davantage dans un avant-projet. Il suffit d'indiquer seulement, comme nous venons de le faire, un moyen simple et d'une manœuvre prompte et facile, mais assez énergique cependant, pour que si les ventaux étaient adhérents à leurs châssis par la neige gelée, on puisse les détacher.

La longueur de ces ouvertures est de 2 m. et nous les pratiquons, avons-nous dit, de 50 m. en 50 m. Il se pourrait, à cause de la grande quantité de vapeur que les trains ascendants ont à donner, que, ainsi réparties, ces ouvertures fussent insuffisantes. Rien n'empêcherait, si cela était reconnu, de les établir plus rapprochées et plus fréquentes, tous les 25 mètres, par exemple.

Dans le mode de couverture de la voie sous les avalanches (*voir planche n° 8*), la voûte ayant besoin surtout de pouvoir résister à de grands poids et en plein cintre, l'ouverture supérieure est naturellement supprimée. Les fenêtres latérales sont alors plus rapprochées; elles sont espacées de 10 m. en 10 m.; au-dessous de chaque fenêtre est pratiquée une baie d'évitement.

L'épaisseur des pieds droits et des naissances de voûte ne change pas et reste égale aux épaisseurs précédentes. Cependant, du côté de la vallée nous avons ajouté d'épais contreforts ayant 2 m. 80 c. de largeur et 2 m. 30 c. d'épaisseur à la naissance de la voûte. Soutenant leur part de la charge à supporter, ces contreforts viennent renforcer tout le système de la voûte et présentent de solides espaces de résistance à l'entraînement des masses accélérées descendant des flancs de la montagne.

Sur l'extrados de la voûte une épaisseur d'environ 1 m. de maçonnerie compacte est recouverte d'un pavage serré. Celui-ci, destiné à offrir un plan de glissement uni et facile, va, selon son inclinaison, se réunir au coteau et s'y rattacher.

De la manière dont ces dispositions sont prises, on voit donc que la voûte ne supporte que sur une longueur extrêmement minime, 5 mètres environ, le poids de l'avalanche, et ne le supporte que successivement suivant les diverses phases de la chûte de celle-ci. En outre, le passage sur cette longueur est d'autant moins à craindre, avec les épaisseurs suffisantes que nous avons projetées, qu'il se produit plus rapidement. La vitesse de la chûte s'accélérant par elle-même, devient, en effet, très-considérable. Par un surcroît de précaution, nous avons prévu dans toute cette partie exceptionnelle, un aqueduc collecteur à plus grandes dimensions. Mais il est probable qu'en dernière analyse, il n'y aura pas lieu de changer les dimensions ordinaires que comporte cet ouvrage sur toute la ligne.

A cause de la ténuité de la neige poudreuse et sèche dont nous avons précédemment parlé, il sera nécessaire d'enfermer dans des boîtes ou dans des espèces de gaînes, les parties articulées des aménagements que nous avons exposés, charnières, rainures, etc.

Pénétrant dans leurs joints, cette poussière impalpable serait de nature à gêner leur jeu libre et facile.

Si, sur le versant septentrional de la ligne plus exposée au nord et par suite aux dangers climatériques, il est nécessaire de couvrir continuellement la voie à partir de l'altitude approximative de 1400 mètres, ce qui donne à peu près 15 kilomètres à 0,026 $^{m}/_{m}$ jusqu'à la tête du tunnel, il ne sera pas utile d'employer cette mesure pendant plus de 5 kilomètres sur le versant méridional. C'est donc, en tout, 20 kilomètres de voie couverte.

Les seules avalanches considérables auxquelles nous soyons exposés, sont celles de Sorevy, entre Allève et Saint-Pierre, et celle du Dacier, entre Saint-Pierre et Proz. La première s'étend sur une longueur d'environ 2 à 300 m. lorsqu'elle atteint la route actuelle, et la deuxième passe dans un couloir d'envidon 50 m. Ce sera donc sur une longueur de 5 à 600 m. qu'il faudra employer le second mode de couverture. Quelques autres petites avalanches, au débouché de petits ravins, se produisent également, mais elles sont d'une importance insignifiante. On pourrait y appliquer cependant le second mode de couverture, alors la développée de cette couverture serait 1000 mètres en totalité.

Plus bas que les deux avalanches précitées, il s'en rencontre encore, mais nous nous tenons complétement hors de leurs atteintes et très-éloignés du point extrême où se soient jamais avancés leurs plus lointains effets.

Sur le versant méridional, aucun grand obstacle de ce genre ne se présente. Cependant, par excès de prudence, nous prévoyons la même longueur environ à couvrir que sur le versant nord, dans les hauteurs, suivant le second mode.

Sur tout le parcours à ciel ouvert, nous pensons qu'il serait utile, sinon nécessaire, de mettre un cantonnier garde voie, tous les 2 kilomètres et tous les 1000 ou 1500 m., dans la partie couverte. Sur la première partie, ils seront chargés, comme sur toutes les lignes ordinaires, de l'entretien de la voie et des travaux qui leur incombent dans l'exploitation; sur la seconde partie, où l'entretien de la voie abritée sera presque nul, leur affaire serait le fonctionnement des aménagements projetés, ainsi que l'éclairage.

Dans le parcours à ciel ouvert, les maisons de ces gardes seraient établies économiquement du côté aval de la voie, sur des plate-formes analogues à celles où elles se trouvent placées sur les lignes ordinaires. Dans le parcours couvert, toujours situées du côté aval, elles seraient construites sur le flanc de la galerie, en dehors de celle-ci et débouchant dans la voûte par leur entrée principale.

Nous aurions ainsi 60 à 70 de ces maisons d'une part, et 15 à 20 de l'autre. Ces détails, d'ailleurs, sont d'une importance secondaire. Nous les donnons par précaution et prévision, afin qu'on voie complétement assurées les conditions d'une bonne exploitation.

Arrivés à ce point, après avoir ainsi décrit et présenté, dans ses parties principales et suffisantes pour ce travail, les conditions techniques de notre projet, si l'on jette un coup d'œil sur leur ensemble, on se convaincra facilement que nous ne sommes pas sortis des conditions essentielles que nous nous étions posées. Tous les termes dans lesquels nous nous renfermons sont connus et expérimentés. Rien de nouveau, de téméraire, d'inconnu et, par suite, d'inquiétant ne se produit.

Le rayon minimum de nos courbes est de 300 m. et il est à peine employé. L'inclinaison moyenne de la voie est de 0,026 m/m. C'est là, nous l'avouons, au point de vue de l'exploitation, notre condition la plus défavorable. Mais, qu'on veuille bien ne pas l'oublier, c'est un tracé à travers les Alpes dont nous nous occupons. Or, cette inclinaison n'est pas exorbitante et les avantages qu'elle nous donne compensent, bien au-delà, ses inconvénients. Le chemin autrichien du Sœmmering est, en partie, à la même déclivité, et le chemin génois de Giovi, a des plans inclinés de 0,035 m/m.

La seule innovation que nous projetions, en somme, est la couverture de la voie. Elle est commandée par la nature dans laquelle elle se déploie; il est impossible de s'y soustraire. Le projet, à notre sens, le plus mûr et le plus avantageux de tous ceux que nous avons examinés, celui de M. Michel, par le Lukmanier, admet cette mesure et l'applique sur 31 kilomètres, On voit donc que cette innovation forcée n'est pas isolée, et que son opportunité a été reconnue. D'ailleurs, aucune des parties qui la composent ne sort de l'expérience et de la plus stricte simplicité de construction.

De plus, ce travail d'art, comme tous ceux que nous avons indiqués dans le but d'assurer le bon état de la voie, est une dépense beaucoup moins considérable qu'il ne paraît, peut-être, au premier abord.

Dans l'énumération que nous avons faite précédemment de travaux semblables à ceux que nécessite ordinairement tout établissement de chemin de fer, aucune construction anormale par ses dimensions ne s'est présentée et n'offre un élément de dépenses excessives. Aucuns des autres travaux, ayant un caractère exceptionnel, ne constituent une lourde tâche.

Nous pensons, en effet, afin de garder la plus rigoureuse économie, sans rien compromettre cependant, appliquer en général, dans l'ensemble de ces travaux d'art, le type robuste et peu onéreux de la maçonnerie brute.

Le gros smillage est la limite extrême des concessions que nous ayions l'intention de faire au parementage et à la main-d'œuvre. D'ailleurs, même au point de vue de l'effet, il nous semble que ce type, de construction solide, simple et le moins dispendieux possible, doit offrir, par son aspect abrupt, la meilleure concordance avec la nature rude et tourmentée au milieu de laquelle il est appelé à se produire.

En outre, le pays que nous parcourons nous offre à chaque pas, à pied d'œuvre, les matériaux nécessaires, d'une extraction facile et n'ayant pour ainsi dire à subir aucun transport. A Sembrancher, les rochers du mont de Vence donnent une excellente chaux. Sur le côté opposé de la vallée, la route est taillée dans des rocs de schiste subardoisier qui fournissent de très-beaux moellons propres à toutes sortes de maçonneries. Sous Vollége, il existe des carrières de plâtre semblable à celui de Paris et de Milan, et à Etier, près Vollége, des gisements d'un tuf qui, par son peu de poids et son adhérence au mortier, est de nature à remplacer avantageusement la brique dans toutes les constructions légères. De Chamville à Reppaz, il se trouve plusieurs bancs considérables de ce même tuf. A Orsières, la chaux et le plâtre sont abondants; à Liddes, la chaux se montre sur plusieurs points. A Saint-Laurent, le Six (roc) de Cournet, est tout calcaire, et le chemin de la Tzy y accède facilement; il y aurait là une mine inépuisable au cas où les déblais de la voie seraient insuffisants. A Crededan, à Cordonna et vers Dronaz, il existe des bancs de calcaire hydraulique d'aussi bonne qualité que celle du Bouveret et du Theil. Quant au sable, il est abondant; sur certains points seulement, il nécessitera quelques lavages.

Sur le versant méridional, les mêmes matériaux se trouvent également et dans de semblables conditions. La chaux de Gignod est aussi renommée dans le pays, qu'en France celles de Theil et de Doué.

De plus, des masses considérables d'enthracite à Liddes, à Fontaine-Dessus, aux Planards, peuvent fournir tout le combustible nécessaire.

De grands bois de sapins et de mélèzes autour du musoir du Mont-Chemin et dans la Tombe des

Bosses offrent, des deux côtés, les bois de construction dont on peut avoir besoin. Enfin, ainsi que nous l'avons déjà indiqué, de bonnes routes existant au nord et au sud de la montagne, sont d'un grand secours pour tous les transports, des points extrêmes de la ligne aux deux têtes du tunnel culminant.

Toutes ces facilités et ces avantages que sauront apprécier à leur valeur les constructeurs, permettent une économie considérable et une importante réduction dans l'estimation du projet que nous allons aborder.

Estimation de la construction. — Dans le tableau ci-contre, nous donnons l'estimation des dépenses à faire pour l'exécution complète de la voie. Nous arrivons à un total de 65,204,000 francs, auquel nous ajoutons 14,796,000 francs pour le service des intérêts pendant la durée de la construction, ce qui produit un chiffre total de dépenses de 80,000,000 de francs en chiffres ronds.

Nous allons énoncer quelques-unes des considérations qui ont guidé nos prévisions.

Développé entre Martigny et Aoste, notre tracé s'étend sur une surface de 204 hectares (102 kilom. de longueur sur 20 m. de largeur) de terrains en champs, prés, bois, vignes, friches et pâturages. Le prix moyen de l'hectare est évalué à 5,000 francs, ce qui porte la dépense à 1,020,000 francs.

Mais comme il est à supposer que les cantons et les communes, bénéficiant de la voie de fer, contribueront selon leurs moyens à son établissement, il est à croire qu'une partie de ces terrains sera cédée à un prix bien inférieur à celui prévu, ainsi que cela a été fait sur d'autres lignes. C'est là, en effet, pour un pays peu riche, le moyen le plus simple et l'un des plus efficaces, pour aider une semblable entreprise.

Sur la ligne du Val Travers, qui fait partie du réseau du Jura Industriel, le prix moyen par hectare de terrain analogues aux nôtres n'a été que de 3,500 francs.

Après l'acquisition des terrains qui est la première opération à faire, le plus important travail est le tunnel pour la traversée du faîte. C'est aussi le travail qui déterminera la durée du temps de la construction de la ligne entière. Le tableau indique la dépense de chaque partie du projet.

Ce qui indique que nos estimations n'ont rien d'arbitraire, c'est qu'on les retrouve approximativement sans difficulté, si, du prix général des travaux d'art des lignes de fer ordinaires, on retranche les détails dont nous ne sommes pas ici surchargés, particulièrement le transport et l'achat des matériaux. Nous n'avons pour ainsi dire ici que la main-d'œuvre. Nos prix sont bien supérieurs à ceux prévus pour la construction des voies analogues.

Si nous tenons aussi constamment, et sans nous en lasser, à rapprocher ainsi les éléments de notre projet dans toutes leurs formes, des termes consacrés ailleurs par l'expérience, c'est afin de bien faire voir que nous ne laissons rien ni au hasard, ni à l'arbitraire et de pouvoir réclamer toute créance et inspirer toute confiance, non pas au nom d'élucubrations discutables et plus ou moins fondées, mais au nom de faits incontestables et connus de tous les esprits au courant des travaux de construction.

Dans la description topographique que nous avons donnée, quatorze points de stations se sont présentés à nous. De ces stations, deux seulement, aux deux extrémités de la ligne, à Martigny et à Aoste, sont importantes. On pourrait les assimiler comme dimensions nécessaires, aux gares françaises de 2e classe. Les douze autres répondent à la 4e classe. Dans les prix que nous indiquons pour ces stations sont compris les chemins d'accès qu'elles réclameront.

Enfin, le ballast, les achats et la pose des rails, traverses, etc., s'élèvent ordinairement à environ 45 fr. le mètre courant, soit 45,000 francs le kilomètre. Nous l'avons porté à 50,000 francs, et nous adoptons le même chiffre pour base du prix kilométrique du matériel roulant. Ces chiffres sont bien supérieurs à ceux des lignes de Sœmmering, et particulièrement du Central Suisse, ainsi que du Jura Industriel qui sont dans les mêmes conditions d'inclinaison. Nous arrivons alors à une dépense de 10,200,000 francs.

En comparant notre estimation appliquée kilométriquement avec les prix unitaires admis pour les autres projets, il est facile de se convaincre que nous nous tenons dans les limites supérieures des prévisions qui ont été faites, ce qui est une assurance que nos évaluations ne seront pas dépassées, ni même atteintes et peuvent être, dans la généralité, prises pour un maximum absolu.

Le réseau italien n'arrive pas encore à Aoste, il reste à faire le tronçon Aoste-Ivrée que nous évaluons à 25,000,000 de francs; il est d'une longueur de 64 kilomètres. C'est donc cette somme qui s'ajouterait à notre estimation, si nous avions à nous occuper de cette partie nouvelle. Mais nous pouvons la laisser actuellement en dehors de nos comptes. Décrétée par le gouvernement italien, elle sera prochainement exécutée et nous la considérons comme telle dans nos prévisions.

Mais quelques favorables que soient comparativement les conditions de toute sorte qui militent pour l'établissement d'un chemin de fer, le contrôle suprême de la valeur d'un projet est le rendement de la ligne, son bénéfice probable. Ce dernier élément rémunérateur, but de toute entreprise industrielle, doit être la consécration de celle-ci.

Nous avons donc examiné quelle somme d'intérêts serviront les passages que nous croyons les plus convenables pour relier les réseaux du sud des Alpes à ceux du nord, et particulièrement le passage du

Estimation générale

pour toute la ligne, entre Martigny et Aoste, y compris la couverture de la voie en maçonnerie, sur 20 kilomètres de longueur.

Désignation et Indication	Quantités	Prix	Sommes
1° Acquisition de terrains (toutes surfaces comprises	204 hectares	5 000,00	1 020 000,00
2° Terrassements (tous déblais compris)	3 060 000,00	3,00	9 180 000,00
3° Murs de soutènement et de contre-rive (maçie ordre)	612 000,00	12,00	7 344 000,00
4° Passages à niveau pour chemins agricoles	60	20 000,00	1 200 000,00
5° Ponts-viaducs pour la traversée des routes	10	30 000,00	300 000,00
6° Ponts sur les petits torrents et gorges sèches	40	20 000,00	800 000,00
7° Ponts sur les torrents de Bagne, Pont-sec, Allèves et Vachurey, etc.	6	60 000,00	360 000,00
8° Viaduc sur la Dranse, à Bagne, et les deux sur la Doire	3	500 000,00	1 500 000,00
9° Couverture de la voie — partie sous les avalanches	2000,00	600,00	1 200 000,00
" Couverture de la voie — partie contre les tourmentes de neige	18 000,00	400,00	7 200 000,00
10° Stations	14	150 000,00	2 100 000,00
11° Tunnels secondaires, développant ensemble	3000,00	1600,00	4 800 000,00
12° Tunnel de faîte — Ouverture des galeries et puits	8719,00	800,00	6 975 200,00
12° Tunnel de faîte — Straus, élargissement, etc.	5800,00	1600,00	9 280 000,00
12° Tunnel de faîte — Frais d'installation	"	"	1 744 800,00
13° Ballast, voie, matériel fixe et roulant	102 Kilom.	100 000,00	10 200 000,00
Total			65 204 000,00
Service des intérêts pendant 5 ans			14 796 000,00
Total en chiffres ronds			**80 000 000,00**

Grand-Saint-Bernard. Nous avons étudié cette question avec le soin le plus scrupuleux et dans ses moindres détails; mais nous ne pensons pas qu'il soit utile de faire connaître, en ce moment, les résultats que nous avons obtenus et qui témoignent en faveur de la ligne que nous préconisons; nous les donnerons plus tard s'il y a lieu. Nous publions seulement aujourd'hui, un plan des zônes qui seraient desservies par chacun des passages. Pour la délimitation de ces zônes, nous avons considéré comme point de départ, Gênes, l'un des plus grands centres commerciaux d'Italie et dans les longs calculs auxquels nous nous sommes livrés, nous avons tenu compte, aussi minutieusement que possible, de l'importance industrielle des pays à desservir, des distances à parcourir et des directions à suivre pour abréger le temps à employer dans les trajets. Ces trois grandes divisions une fois admises, il suffit de jeter un simple coup d'œil sur la carte n° 10, pour constater que celle du centre, ou du passage par le Grand-Saint-Bernard est la plus importante, car elle embrasse à peu près autant de surface industrielle que les deux autres réunies. Elle est aussi la plus courte, ainsi qu'on a pu le voir sur le tableau comparatif des distances et offre conséquemment, comme longueur de parcours, de très-grands avantages sur tous les passages qui sont entrés dans nos calculs de rendement. Enfin, toutes les parties de notre projet ont été étudiées avec l'attention que comporte une question de cette importance, et si nous avons conclu en faveur de trois passages, l'un occidental, l'autre central et le troisième oriental, c'est parce qu'ils peuvent, en tout état de causes, se compléter les uns par les autres et donner la plus grande somme de satisfaction à tous les intérêts industriels, commerciaux et même politiques.

S'il est vrai que le passage central est celui qui offre le plus d'avantages à tous les intérêts, en se plaçant au point de vue de Gênes pour l'envisager, toute la péninsule italienne est appelée à profiter du même bénifice, et il est incontestable que les transactions venant par la voie de Suez, pour les pays au nord des Alpes, prendront cette voie.

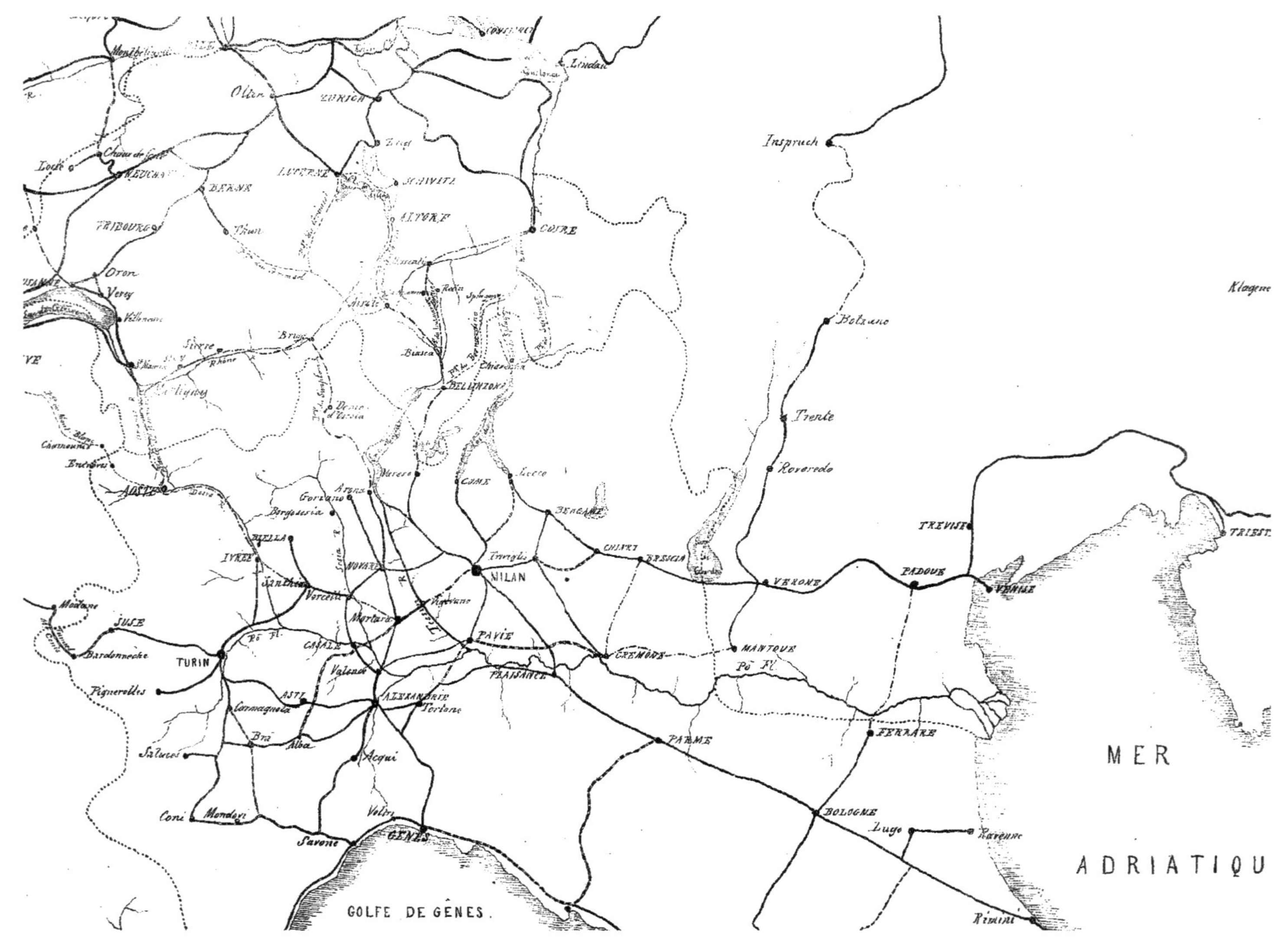

MER
ADRIATIQU
GOLFE DE GÊNES
Lindau
Olten
ZURICH
Insprutch
Klagenf
Locle
LUCERNE
SCHWITZ
BERNE
ALTORF
Thun
FRIBOURG
COIRE
Oron
Vevey
Villeneuve
Bolzano
Sierre
Brigg
Biasca
BELLINZONE
Trente
Roveredo
Courmayeur
Entrèves
AOSTE
Lecco
COME
Varese
Arona
Gozzano
Borgosesia
BERGAME
TREVISE
TRIEST
CHIARI
BRESCIA
BIELLA
IVRÉE
NOVARE
MILAN
VÉRONE
PADOUE
VENISE
Santhia
Verceil
Modane
SUSE
Mortara
PAVIE
MANTOUE
Pô Fl.
CASALE
CREMONE
Bardonnèche
TURIN
PLAISANCE
Valence
Pignerolles
ASTI
ALEXANDRIE
Tortone
Carmagnola
Bra
Alba
PARME
FERRARE
Saluces
Acqui
Coni
Mondovi
Voltri
BOLOGNE
Lugo
Ravenne
Savone
GÊNES
Rimini

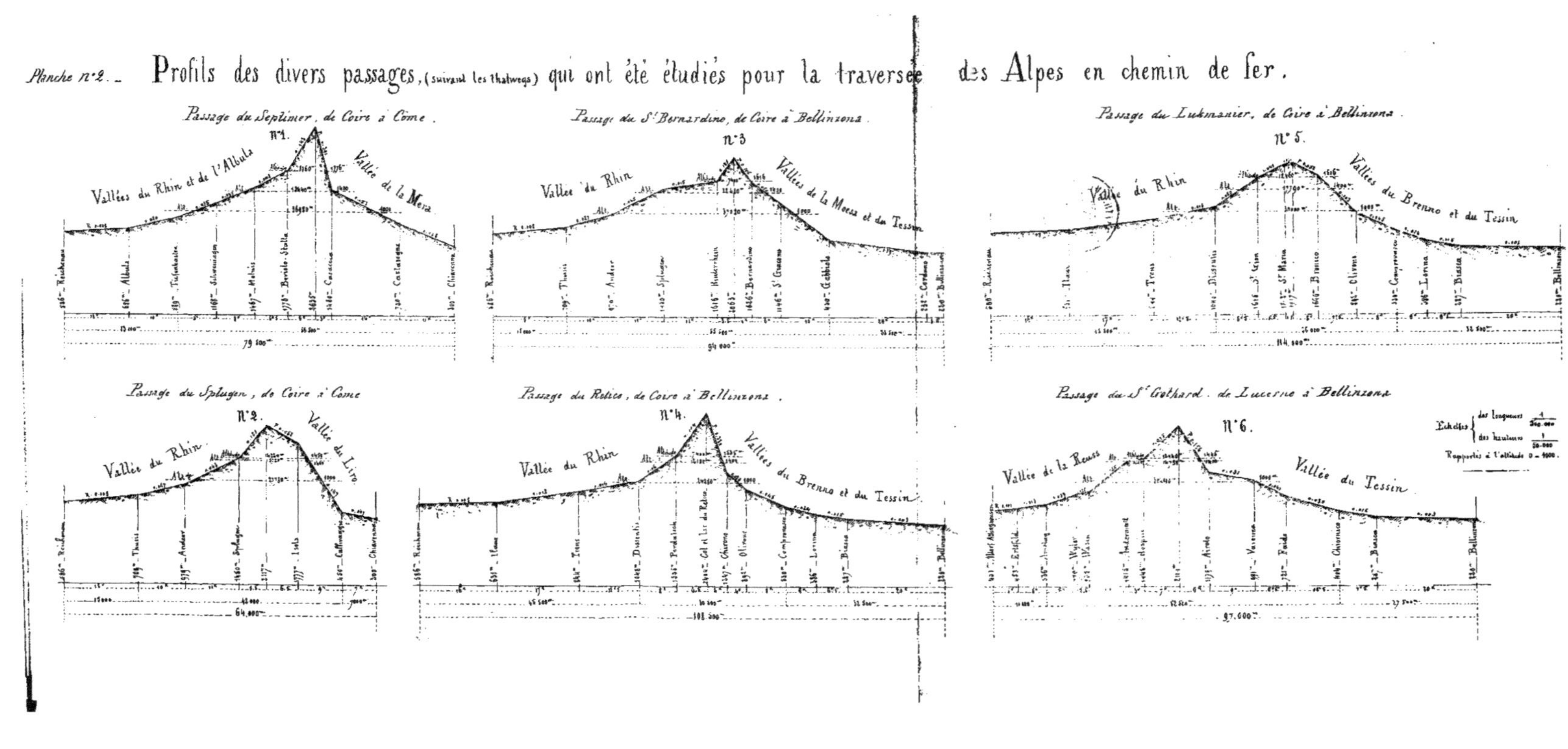
Planche n° 2. _ Profils des divers passages, (suivant les thalwegs) qui ont été étudiés pour la traversée des Alpes en chemin de fer.
Passage du Septimer, de Coire à Côme.
N° 1.
Vallées du Rhin et de l'Albula
Vallée de la Mera
79 500m
Passage du St Bernardino, de Coire à Bellinzona.
N° 3
Vallée du Rhin
Vallées de la Moesa et du Tessin
94 000m
Passage du Lukmanier, de Coire à Bellinzona.
N° 5.
Vallée du Rhin
Vallées du Brenno et du Tessin
114 000m
Passage du Splugen, de Coire à Côme
N° 2.
Vallée du Rhin
Vallée du Liro
64 000m
Passage du Relico, de Coire à Bellinzona.
N° 4.
Vallée du Rhin
Vallées du Brenno et du Tessin
108 500m
Passage du St Gothard, de Lucerne à Bellinzona
N° 6.
Vallée de la Reuss
Vallée du Tessin
97 000m

Planche n°3 — (Suite de la planche n°2)

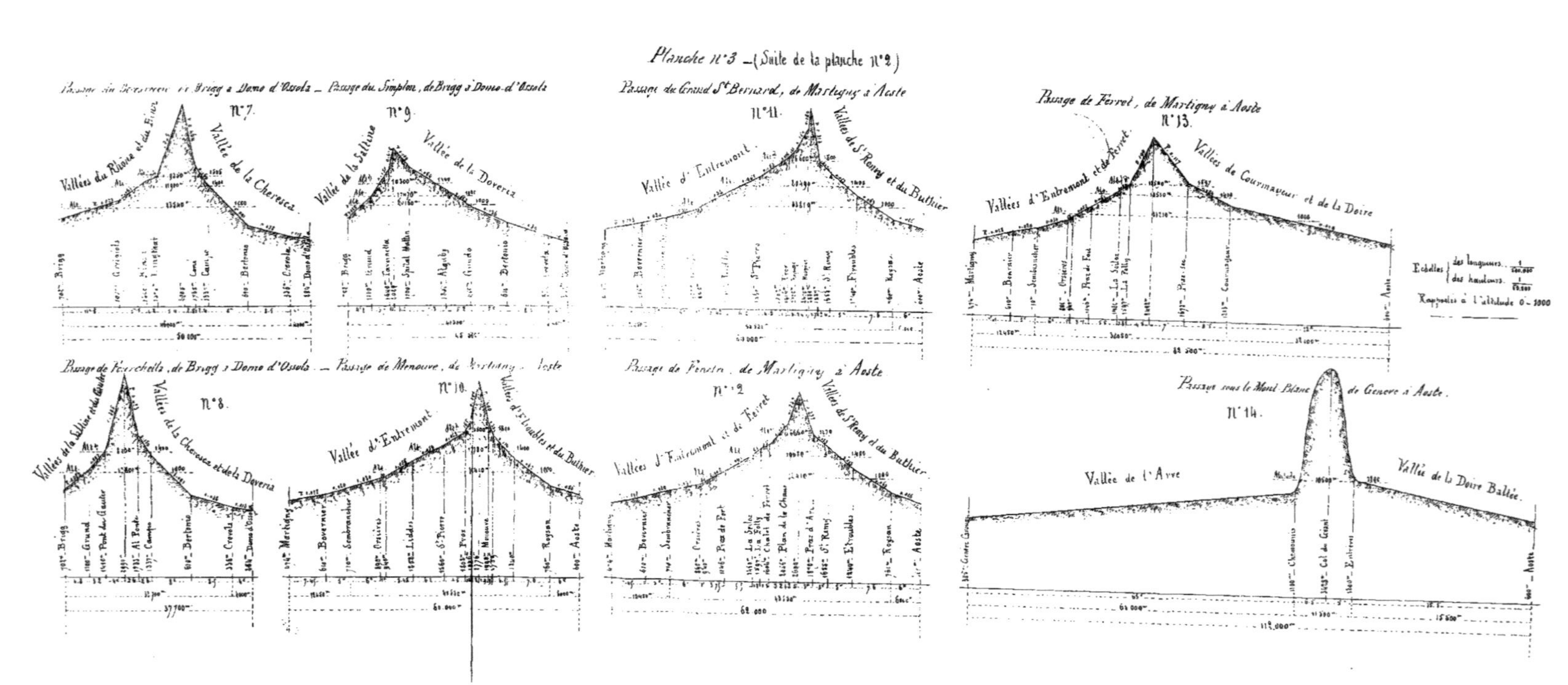

PLAN GÉNÉRAL

d'un projet de chemin de fer, entre Martigny et Aoste.

par le Grand St Bernard.

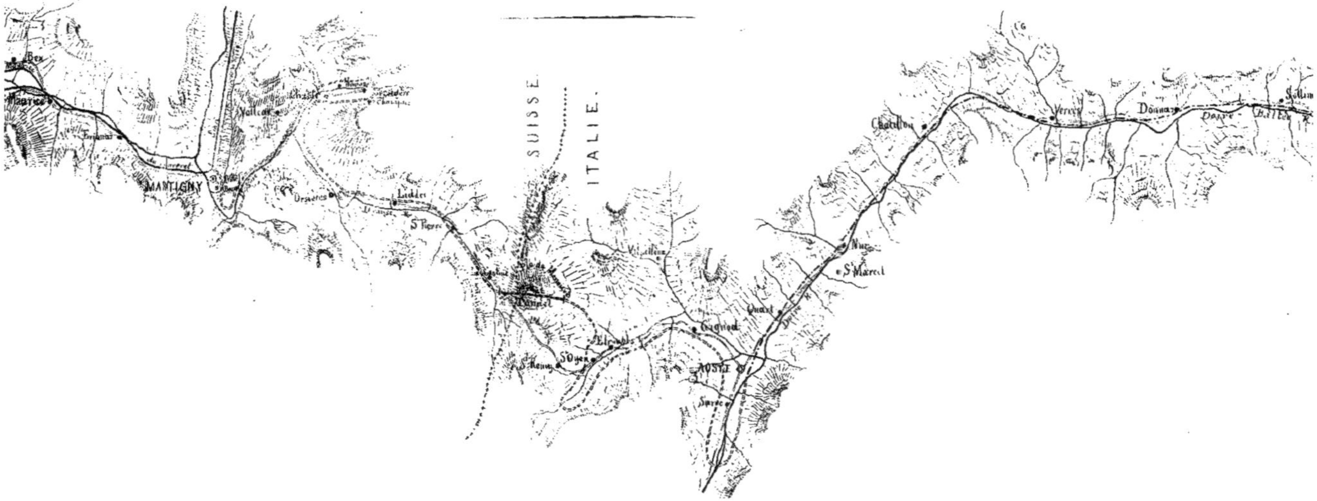

SUISSE

ITALIE.

Bex

MARTIGNY

Orsières

Liddes

St Pierre

AOSTE

Quart

Nus

St Marcel

Châtillon

Verrex

Donnaz

N° 3.

Profil en long

d'un projet de chemin de fer, entre Martigny et Aoste, par la vallée d'Entremont, versant nord, le col de Menouve, (Grand St Bernard), et par les vallées de Menouve et d'Etroubles, jusqu'à Aoste, versant sud.

Echelles { des longueurs ... 1/200.000
des hauteurs ... 1/20.000

Légende.

Versant nord, montée jusqu'à la tête du tunnel ... 50.100^m.00
Traversée du faîte, tunnel ... 5.800^m.00
Versant sud, descente depuis la tête du tunnel ... 45.600^m.00
} 101,500^m.00

Rampe moyenne ... 0^m,0265 sur 50 100^m.00
Pente ... id. ... 0^m,0262 sur 45.600^m.00

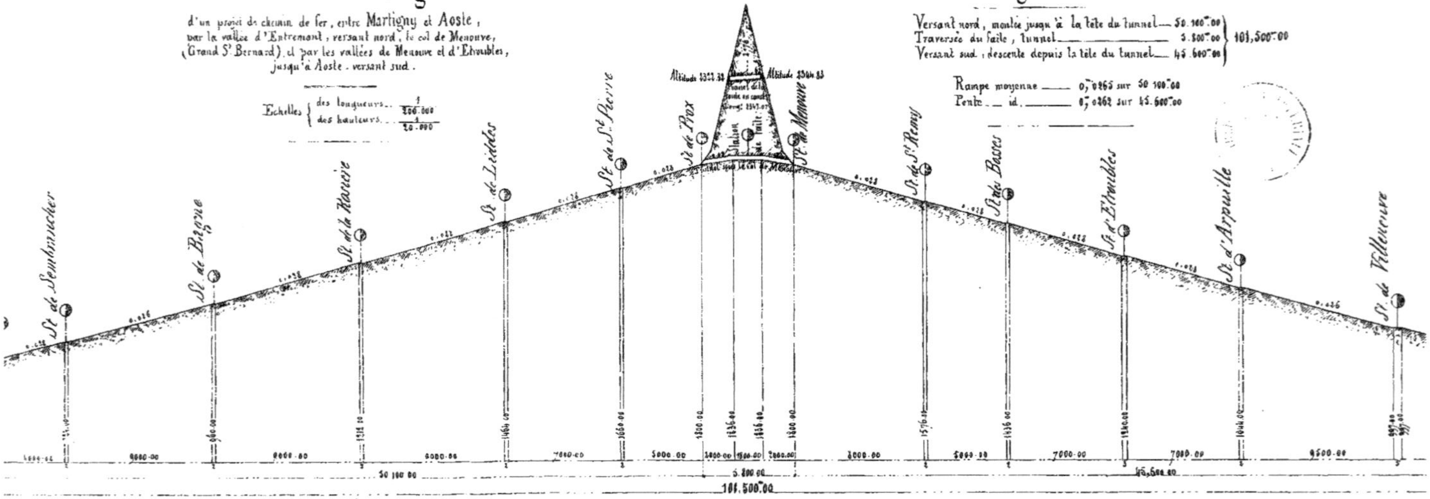

St. de Sembrancher
St. de Bagne
St. de la Rosière
St. de Liddes
St. de St Pierre
St. de Prox
Station du faîte
St. de Menouve
St. de St Remy
St. des Bosses
St. d'Etroubles
St. d'Arpuille
St. de Villeneuve

Altitude 2323.33
Altitude 2344.83

50 100.00
5.800.00
45,600.00
101,500.00

Planche n° 6.

Types de profils et plans de la voie

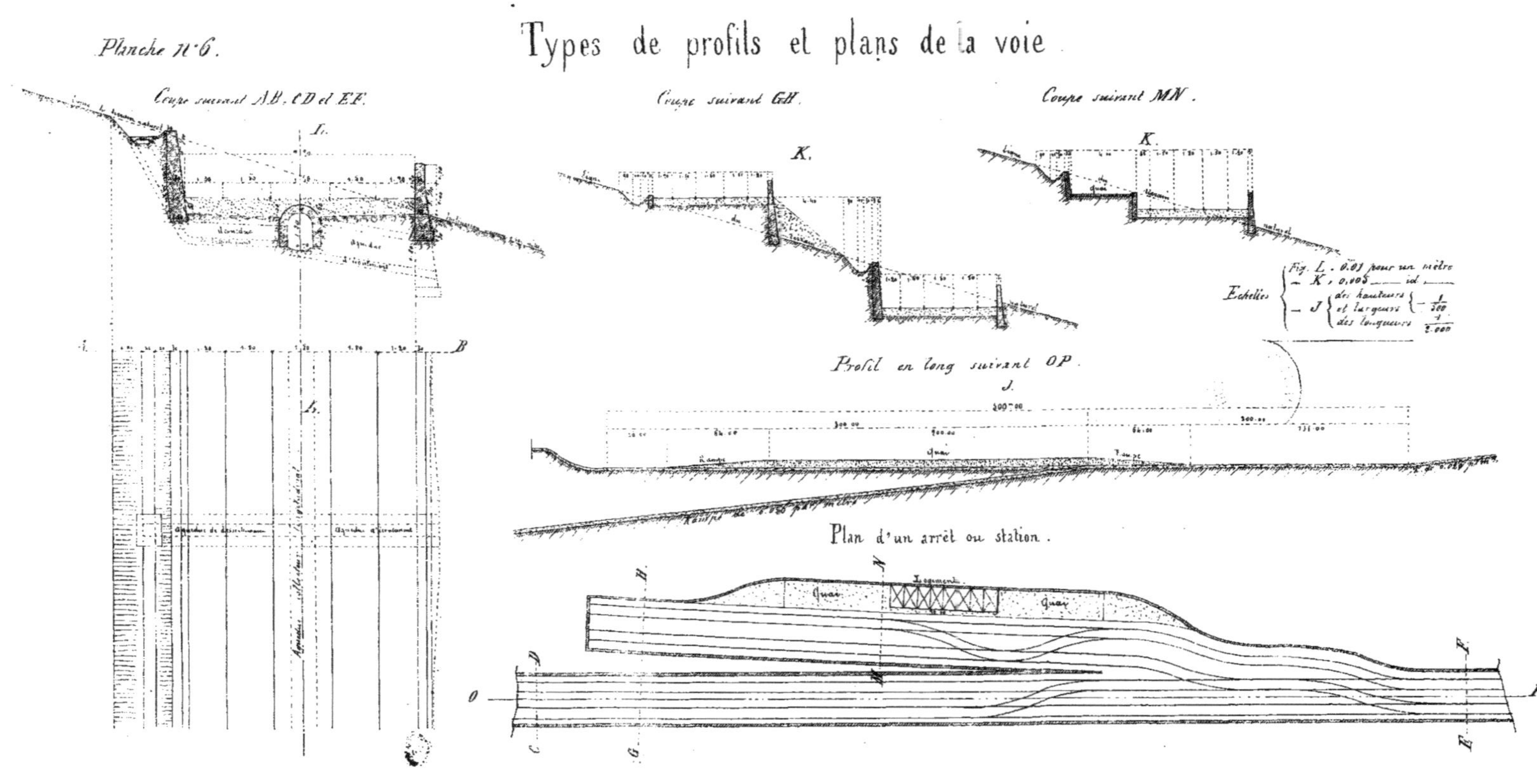

MER
ADRIATIQU
GOLFE DE GÊNES
Insprück
Klagene
Botzano
Trente
Roveredo
TREVISE
TRIEST
PADOUE
VENISE
VERONE
BRESCIA
CHIARI
BERGAME
Lecco
COME
MILAN
Treviglio
PAVIE
CREMONE
MANTOUE
Pô Fl.
PLAISANCE
PARME
FERRARE
BOLOGNE
Lugo
Ravenne
Rimini
GÊNES
Savone
Voltri
Acqui
ALEXANDRIE
Tortone
Valence
ASTI
Carmagnola
Bra
Alba
Saluces
Coni
Mondovi
TURIN
Pignerolles
Bardonneche
SUSE
Modane
CASALE
Mortara
Vigevano
Vercelli
NOVARE
Santhia
IVRÉE
BIELLA
Borgosesia
Gozzano
Arona
Varese
AOSTE
Chamounix
BELLINZONA
Biasca
Chiavenna
Domo d'Ossola
Brigg
Sierre
Rhône
Oron
Vevey
Villeneuve
FRIBOURG
BERNE
Thun
LUCERNE
SCHWITZ
ALTORF
Zug
ZURICH
Olten
COIRE
Lindau
Locle
NEUCHA

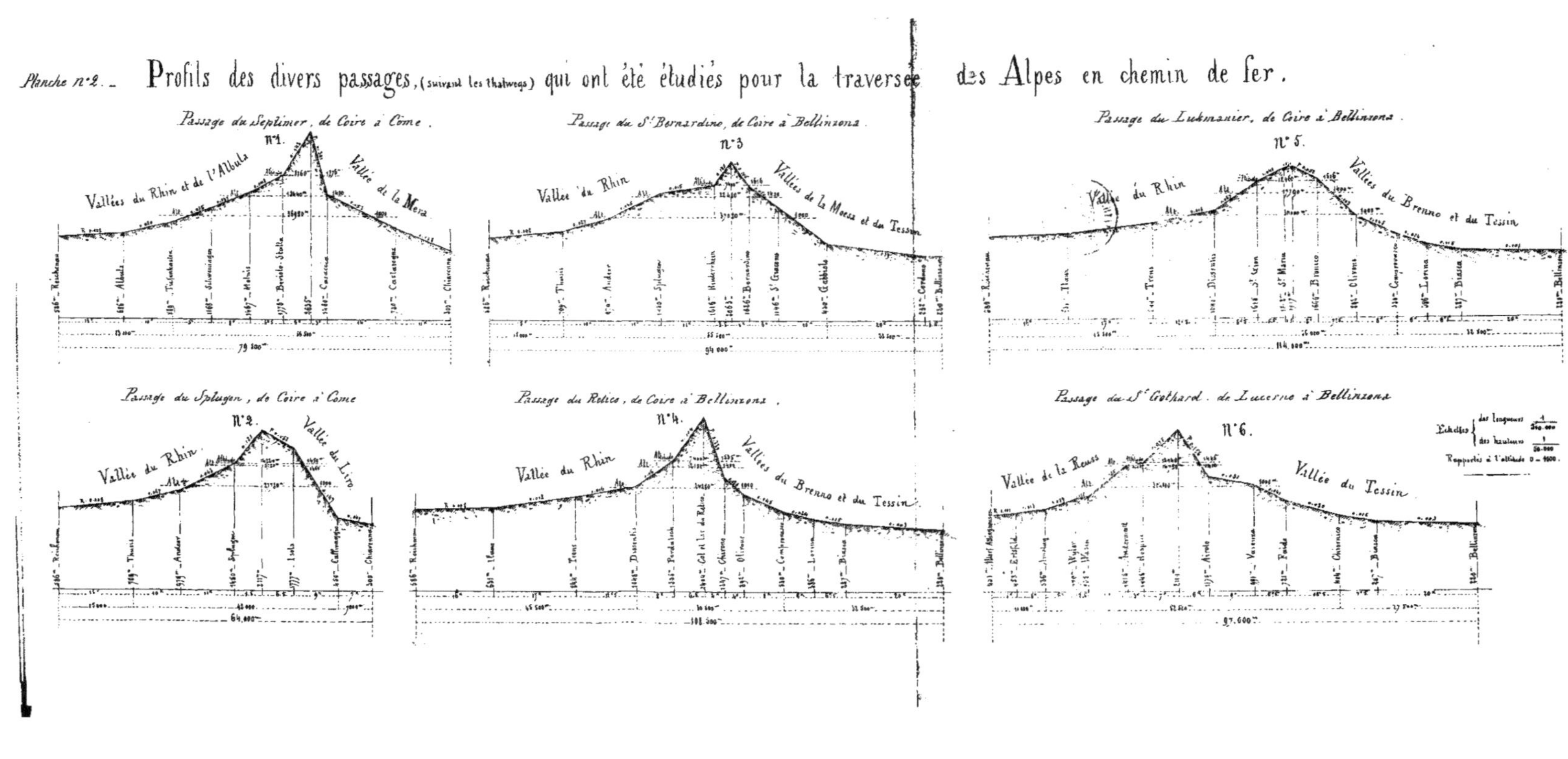
Planche n°2. – Profils des divers passages, (suivant les thalwegs) qui ont été étudiés pour la traversée des Alpes en chemin de fer.
Passage du Septimer, de Coire à Côme.
N°1.
Vallées du Rhin et de l'Albula
Vallée de la Mera
Passage du St Bernardino, de Coire à Bellinzona.
N°3
Vallée du Rhin
Vallées de la Moesa et du Tessin
Passage du Lukmanier, de Coire à Bellinzona.
N°5.
Vallée du Rhin
Vallées du Brenno et du Tessin
Passage du Splugen, de Coire à Côme
N°2.
Vallée du Rhin
Vallée du Liro
Passage du Rétice, de Coire à Bellinzona.
N°4.
Vallée du Rhin
Vallées du Brenno et du Tessin
Passage du St Gothard, de Lucerne à Bellinzona
N°6.
Vallée de la Reuss
Vallée du Tessin

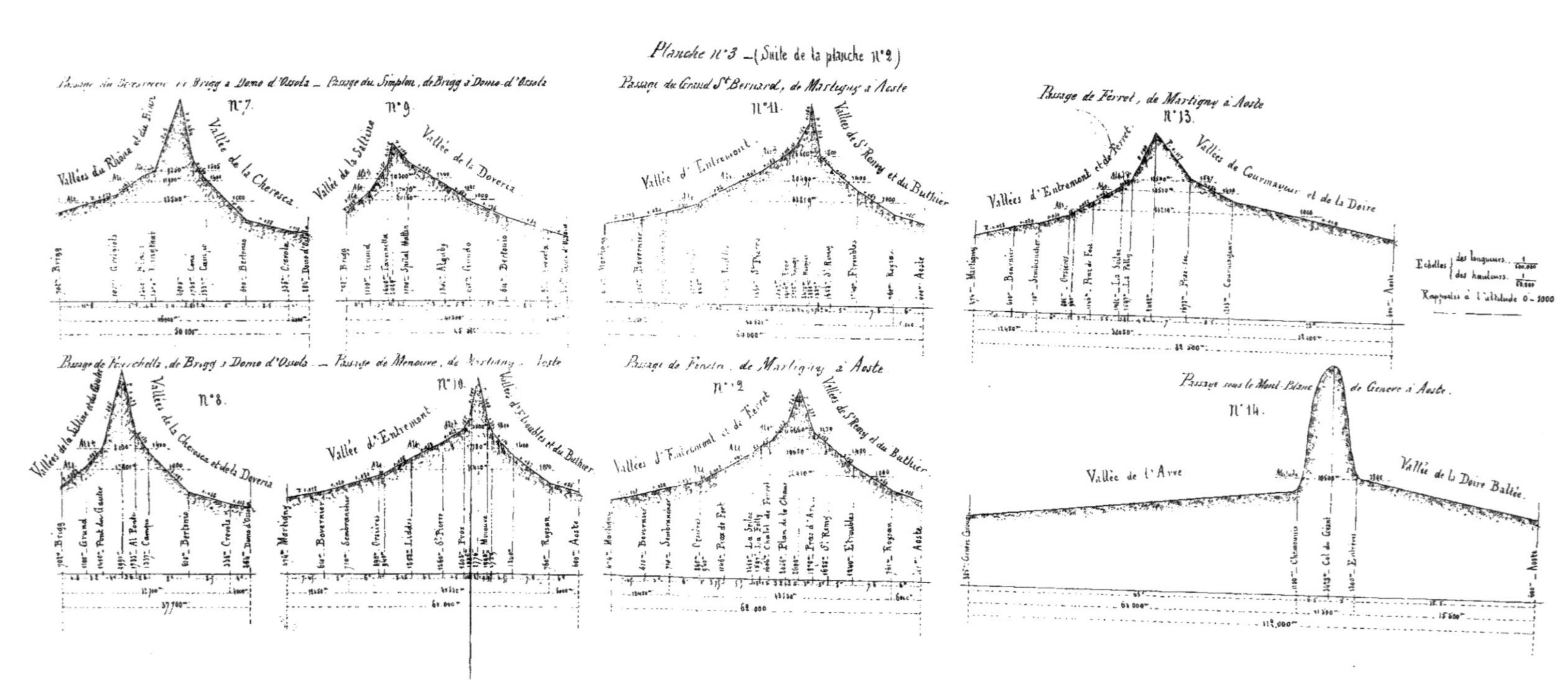

Planche n°3 _ (Suite de la planche n°2)
Passage du Simplon, de Brigg à Domo-d'Ossola
N°7.
Vallées du Rhône et du Binn
Vallée de la Cherasca
N°9.
Vallée de la Saltine
Vallée de la Doveria
Passage du Grand St Bernard, de Martigny à Aoste
N°11.
Vallée d' Entremont
Vallées de St Remy et du Buthier
Passage de Ferret, de Martigny à Aoste
N°13.
Vallées d' Entremont et de Ferret
Vallées de Courmayeur et de la Doire
Echelles { des longueurs, des hauteurs
Rapportés à l'altitude 0 - 3000
Passage de Fenêtre, de Martigny à Aoste
N°12
Vallées d' Entremont et de Ferret
Vallées de St Remy et du Buthier
N°8.
Vallées de la Saltine et du Ganter
Vallées de la Cherasca et de la Doveria
N°10.
Vallée d' Entremont
Vallées d'Etroubles et du Buthier
Passage sous le Mont-Blanc de Genève à Aoste.
N°14.
Vallée de l' Arve
Vallée de la Doire Baltée.

PLAN GÉNÉRAL

d'un projet de chemin de fer, entre Martigny et Aoste.

par le Grand St Bernard.

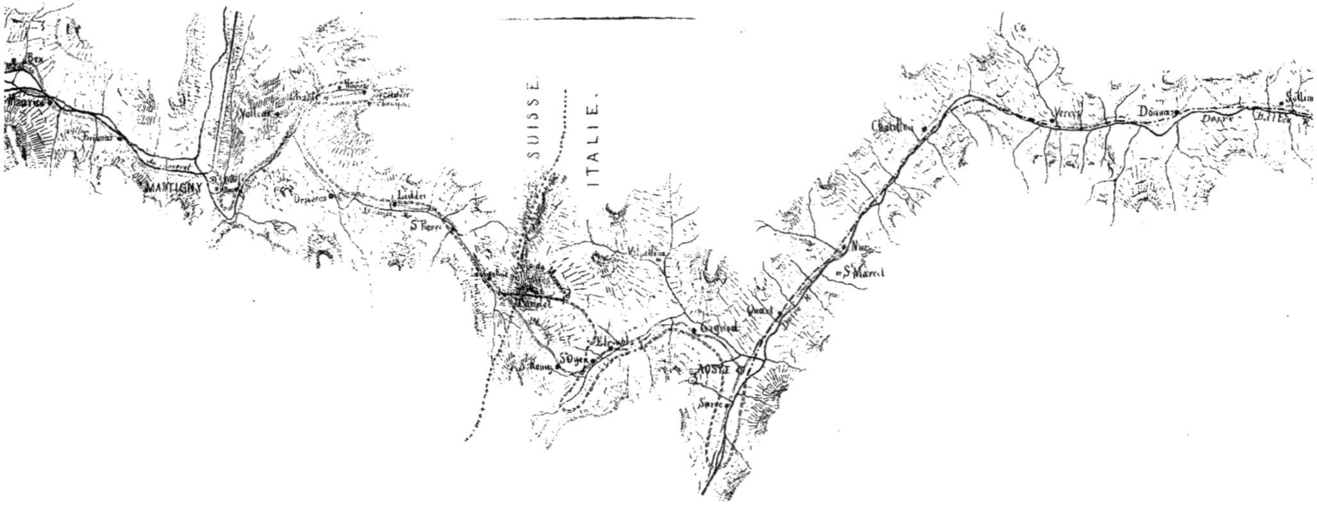

SUISSE

ITALIE.

MARTIGNY

Orsières

Liddes

St Pierre

Tunnel

St Oyen

St Remy

AOSTE

Nus

St Marcel

Chatillon

Verrex

Donnaz

Bex

Martigny

Vallée

N° 3.

Profil en long

d'un projet de chemin de fer, entre Martigny et Aoste, par la vallée d'Entremont, versant nord, le col de Menouve, (Grand St Bernard), et par les vallées de Menouve et d'Etroubles, jusqu'à Aoste. versant sud.

Echelles { des longueurs .. $\frac{1}{300.000}$ / des hauteurs ... $\frac{1}{20.000}$

Légende.

Versant nord, montée jusqu'à la tête du tunnel	50.100m00	101,500m00
Traversée du faîte, tunnel	5.800m00	
Versant sud, descente depuis la tête du tunnel	45.600m00	

Rampe moyenne ...... 0m,0265 sur 50 100m00
Pente ... id. ...... 0m,0262 sur 45.600m00

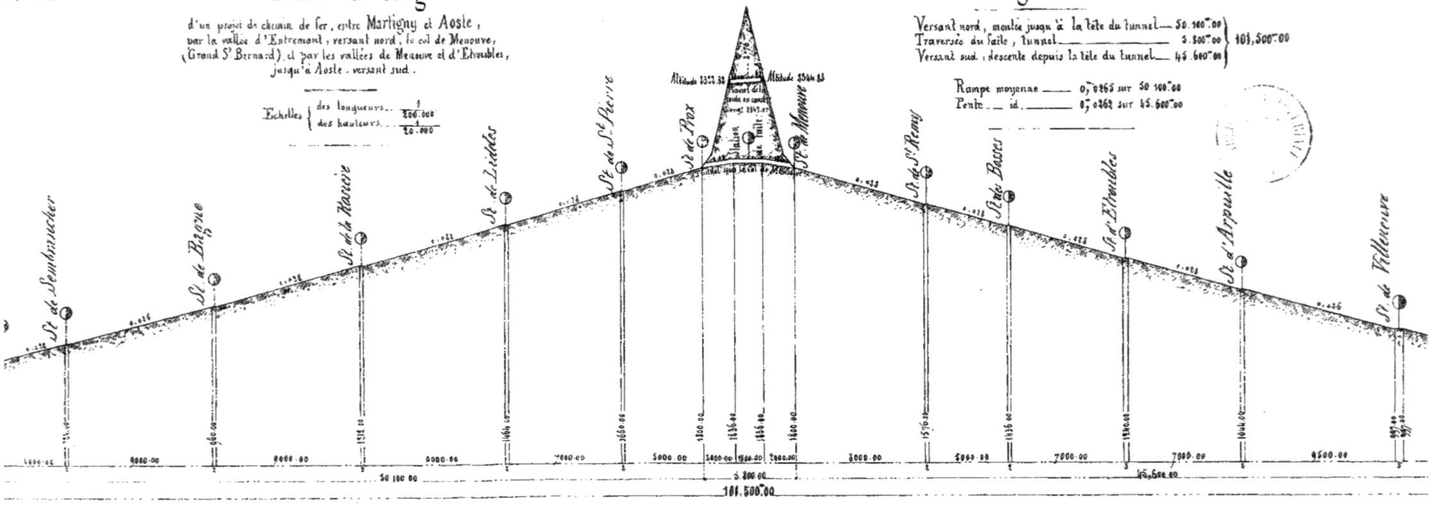

St de Sembrancher
St de Bagne
St de la Rosière
St de Liddes
St de St Pierre
St de Prox
Altitude 2322.32
Altitude 2344.83
Station
St de Menouve
St de St Remy
St des Bosses
St d'Etroubles
St d'Arpuille
St de Villeneuve
1800.00
1836.00
1800.00
1576.00
1836.00
1490.00
1044.00
5000.00
2400.00
2000.00
7000.00
9500.00
50 100 00
5.800.00
45.600.00
101.500.00

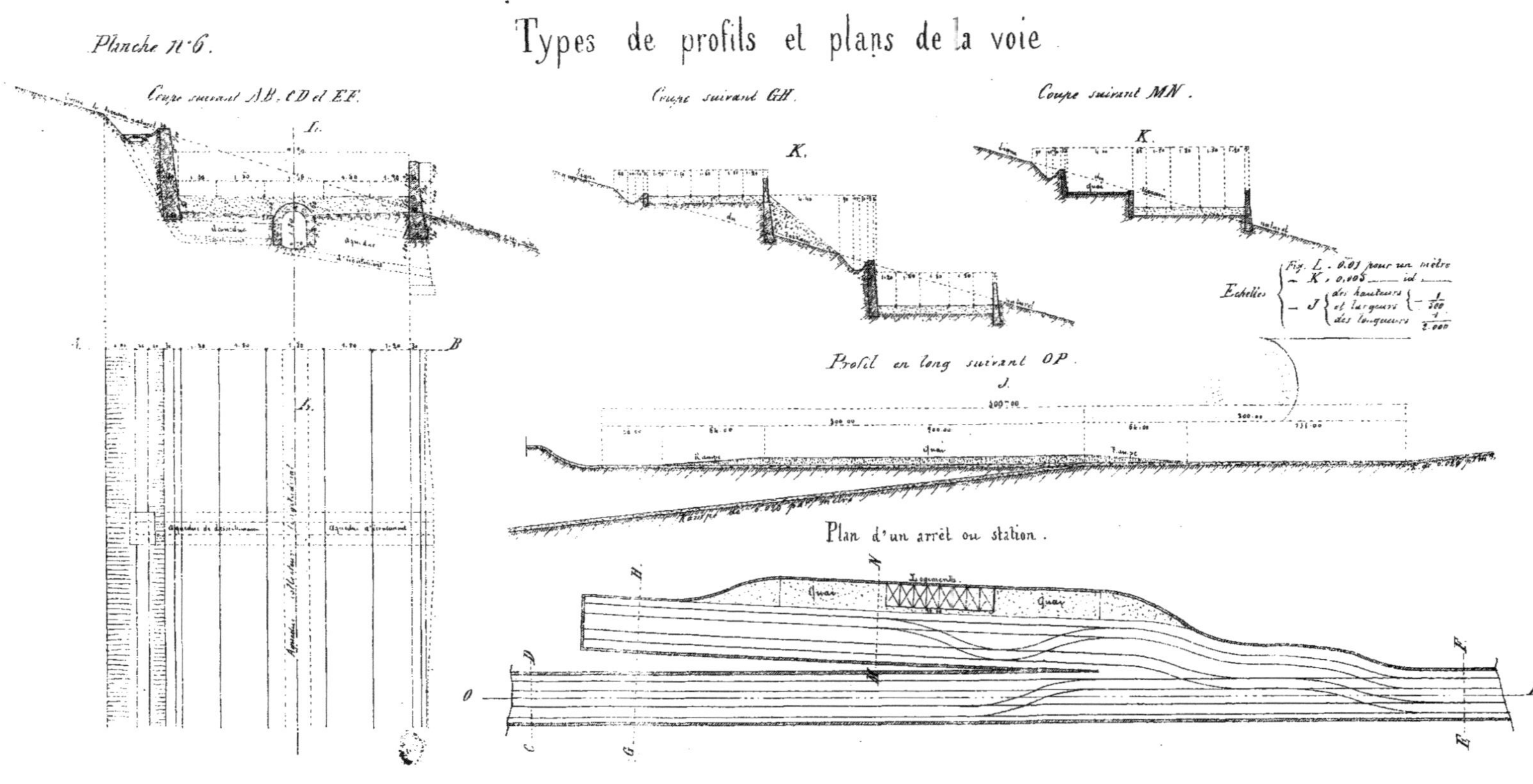
Planche N° 6.
Types de profils et plans de la voie
Coupe suivant AB, CD et EF.
L.
B
Coupe suivant GH.
K.
Coupe suivant MN.
K.
Echelles
Fig. L . 0.01 pour un mètre
— K . 0.005 — id —
— J des hauteurs et largeurs — 1/500
des longueurs — 1/2.000
Profil en long suivant OP.
J.
Quai
Plan d'un arrêt ou station.
Logements
Quai
Quai
O
P
H
N
M
D
F
C
G
E

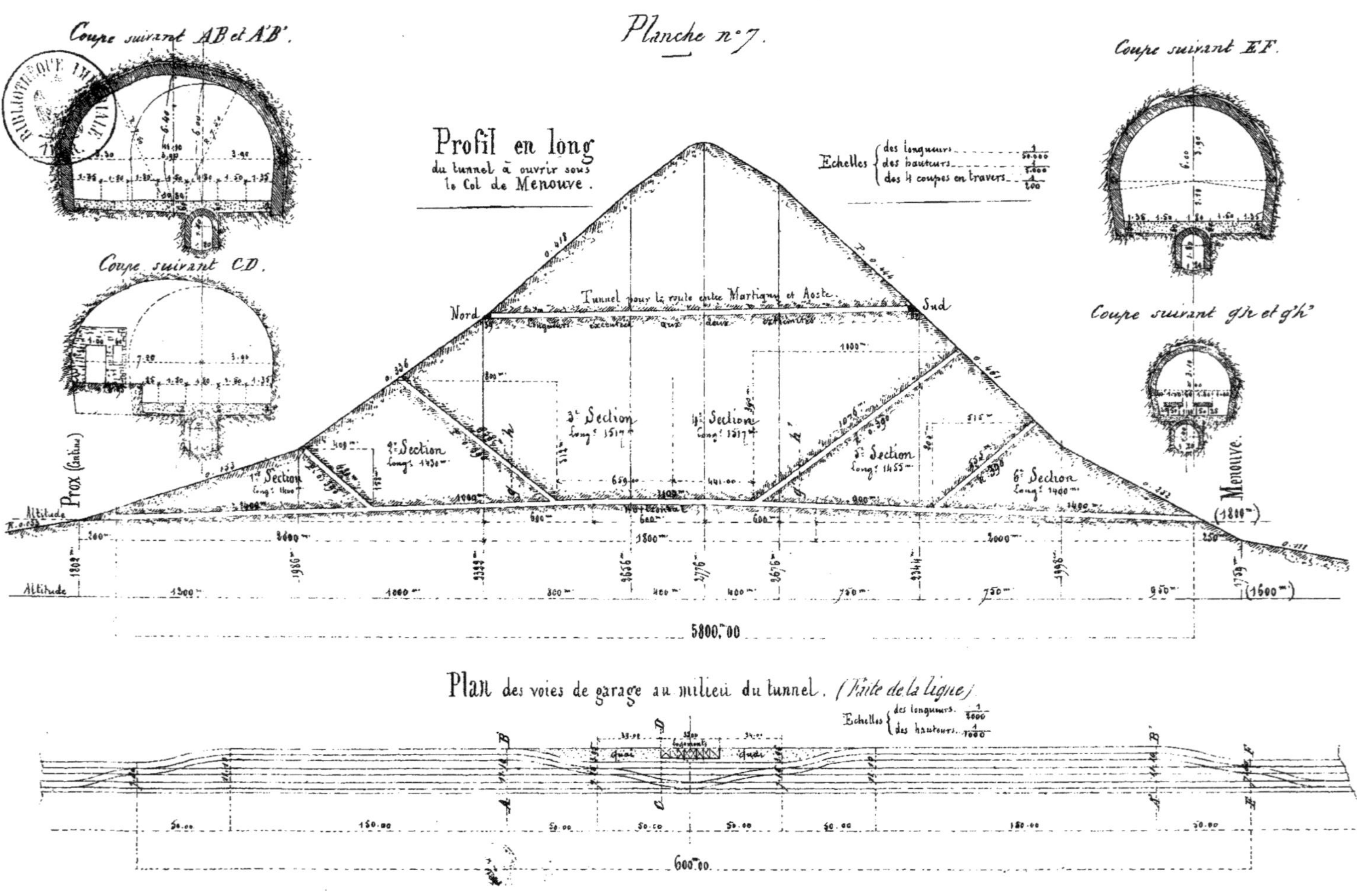
Planche n° 7.
Coupe suivant AB et A'B'.
Coupe suivant CD.
Coupe suivant EF.
Coupe suivant gh et g'h'.
Profil en long
du tunnel à ouvrir sous
le Col de Menouve.
Echelles { des longueurs 1/50.000
des hauteurs 1/5.000
des 4 coupes en travers 1/200
Tunnel pour la route entre Martigny et Aoste.
Nord
Sud
Prox (Cantine)
Menouve.
1re Section Long. 1400m
2e Section Long. 1430m
3e Section Long. 1517m
4e Section Long. 1517m
5e Section Long. 1455m
6e Section Long. 1400m
Altitude
1802
1986
3339
3656
3776
3676
3344
1998
1739
1300m
1000m
800m
400m
400m
750m
750m
950m
(1600m)
(1810m)
5800m00
Plan des voies de garage au milieu du tunnel. (Faîte de la ligne)
Echelles { des longueurs 1/5000
des hauteurs 1/1000
Quai
Quai
600m00

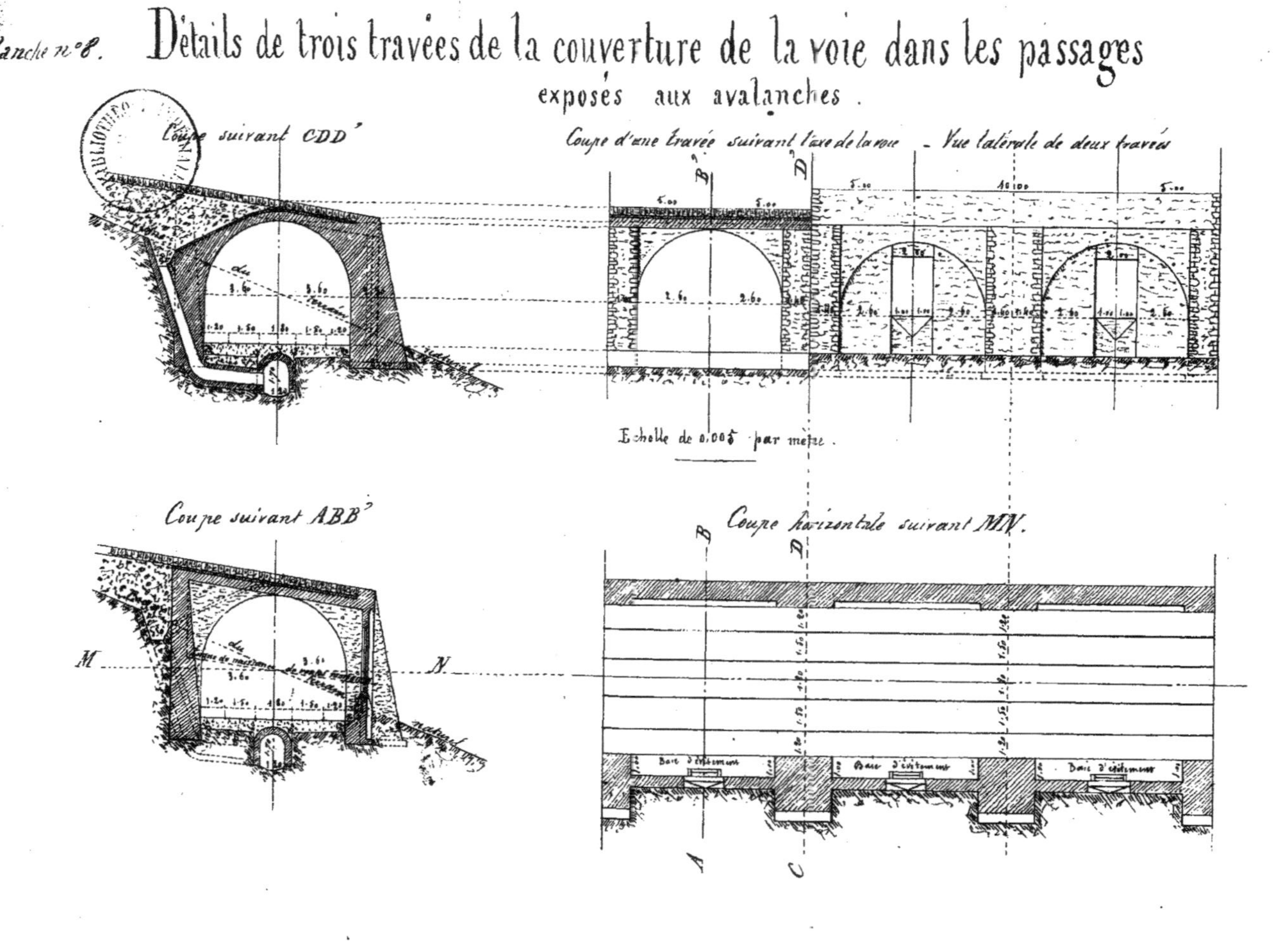

Planche n° 8.
Détails de trois travées de la couverture de la voie dans les passages
exposés aux avalanches.
Coupe suivant CDD'
Coupe d'une travée suivant l'axe de la voie
Vue latérale de deux travées
Echelle de 0,005 par mètre.
Coupe suivant ABB'
Coupe horizontale suivant MN.
Baie d'évitement
M
N
A
B
C
D

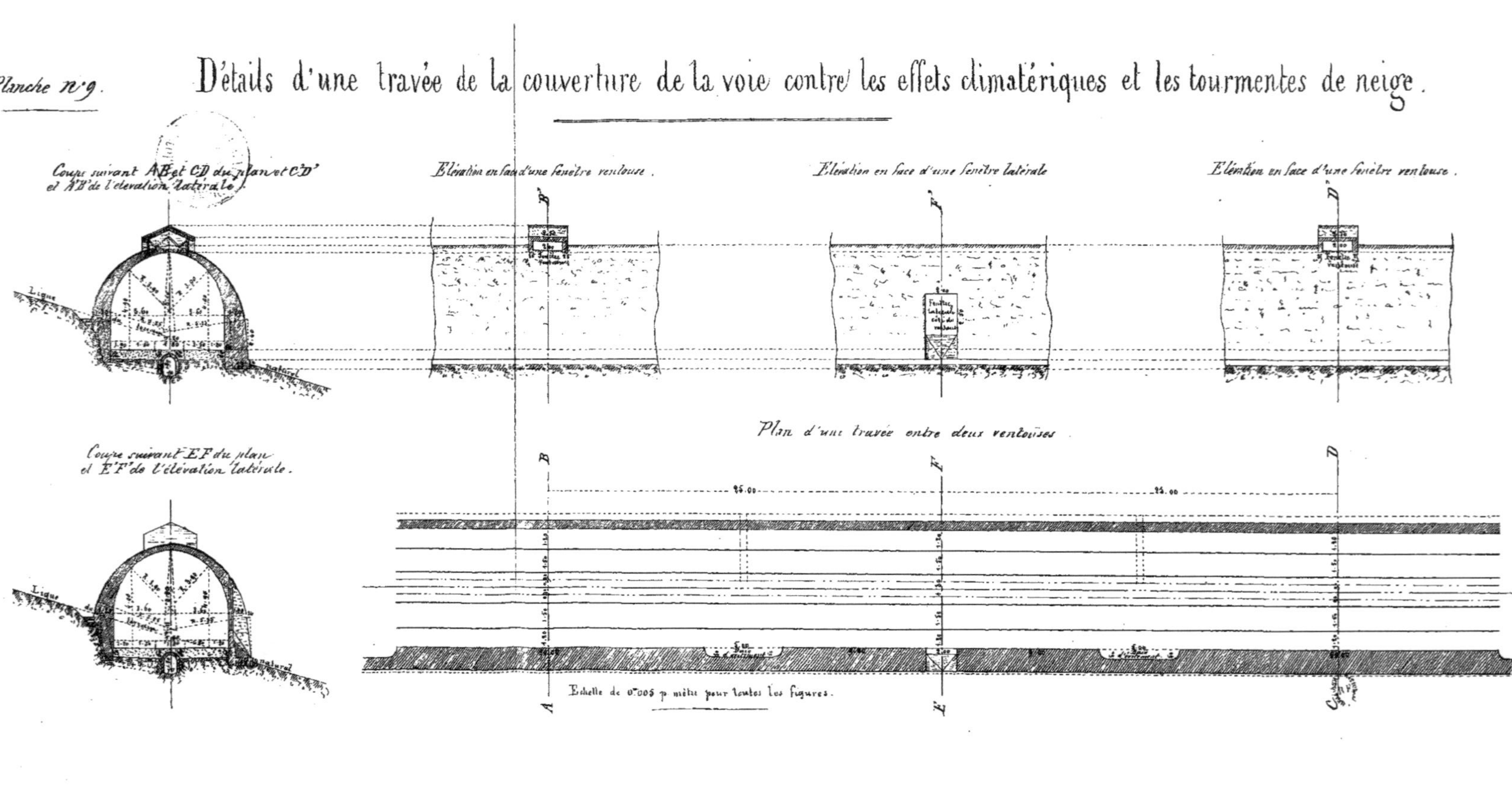
Planche N°9.
Détails d'une travée de la couverture de la voie contre les effets climatériques et les tourmentes de neige.
Coupe suivant AB et CD du plan et C'D' et A'B' de l'élévation latérale.
Élévation en face d'une fenêtre ventouse.
Élévation en face d'une fenêtre latérale
Élévation en face d'une fenêtre ventouse.
Coupe suivant EF du plan et E'F' de l'élévation latérale.
Plan d'une travée entre deux ventouses
25.00
25.00
Échelle de 0m005 p. mètre pour toutes les figures.

CARTE
des chemins de fer de l'Europe centrale.

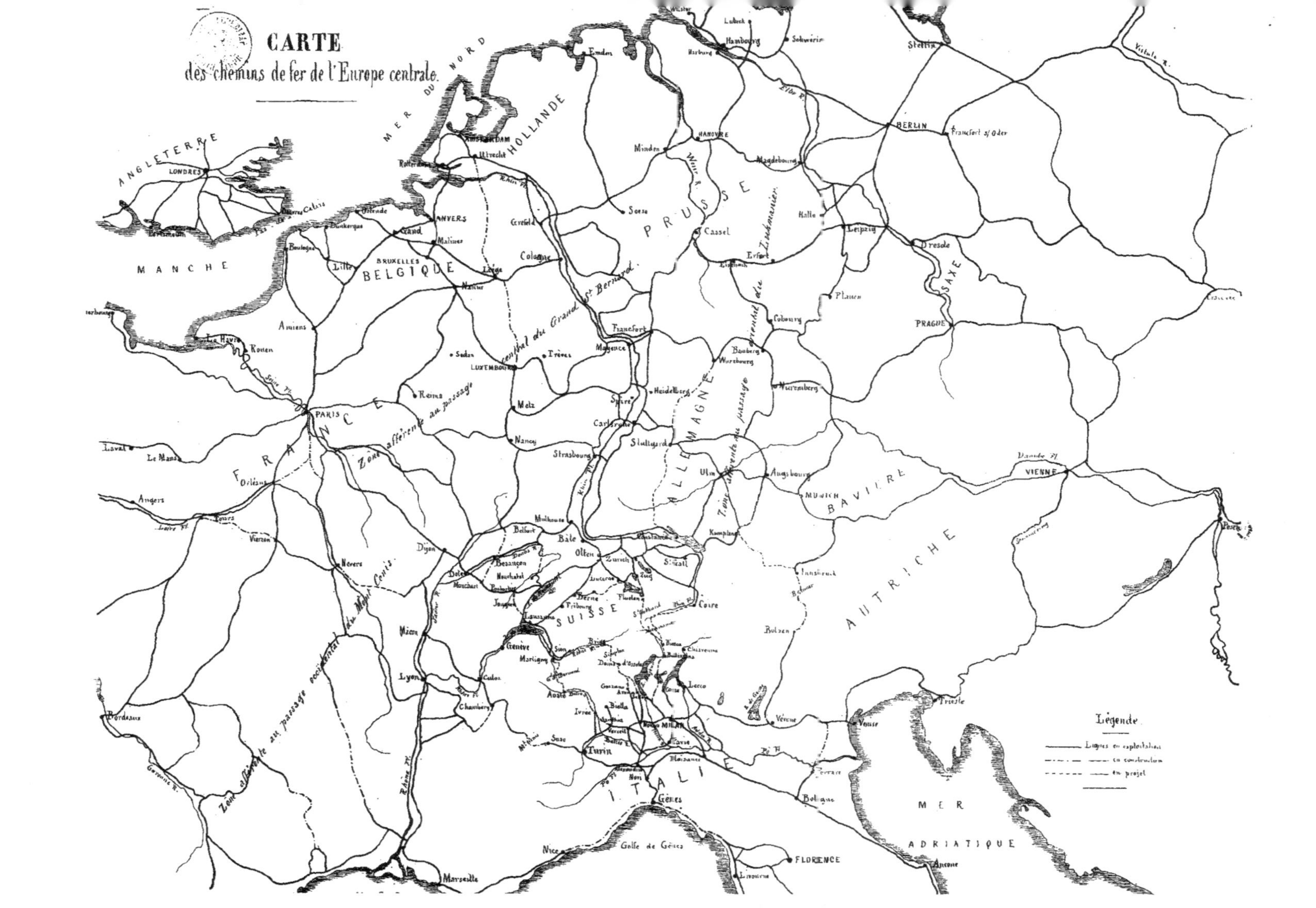

www.ingramcontent.com/pod-product-compliance
Ingram Content Group UK Ltd.
Pitfield, Milton Keynes, MK11 3LW, UK
UKHW012251240726
13966UKWH00004B/1382

§ XIII.

Les lésions si diverses que je viens de passer en revue n'existent pas toujours isolément; elles se combinent souvent les unes aux autres comme si elles étaient le résultat d'une modification pathologique des plexus nerveux ganglionnaires, qui enlacent dans leurs filets déliés tous les viscères abdominaux. Pinel et le Dr Romberg ont trouvé les ganglions du grand sympathique anormalement développés, et Bichat a vu le ganglion semi-lunaire cartilagineux sur le cadavre d'un homme amené à l'Hôtel-Dieu pour une manie périodique.

Reil (Raps. S., 265, 1818) veut que les sensations bizarres de la folie hypochondriaque soient transmises au cerveau par le grand sympathique.

Amard et quelques autres avaient pensé que le système nerveux ganglionnaire est, dans la mélancolie, le siége d'une altération qui influe sur les viscères abdominaux. Dans un certain nombre de cas, il paraît y avoir absence de lésions inflammatoires et organiques, de pléthore vasculaire, d'une part; d'un autre côté, l'aliénation mentale et les phénomènes sympathiques abdominaux qui l'accompagnent ne se montrent que par accès, pendant lesquels les fonctions viscérales se font avec régularité. Dans ces cas, si l'autopsie ne révélait aucune lésion, on serait porté à admettre un trouble purement nerveux des viscères abdominaux, à moins de rattacher tous les accidents au système nerveux central, en donnant à l'hypochondrie, à la mélancolie et à toutes leurs variétés morbides une origine exclusivement encéphalique.

§ XIV.

En résumant ce qui a trait aux sympathies viscérales, je dirai que l'influence des viscères abdominaux dans la folie est évidente, quoique moins absolue peut-être que celle du cerveau sur ces mêmes organes. Il n'y a pas de manie ou de délire partiel sans affection encéphalique; mais cette affection peut être consécutive, symptomatique, sympathique. Les médecins qui soutiennent que la mélancolie commence toujours par l'encéphale, comme ceux qui prétendent qu'elle débute constamment par les appareils de la cavité abdominale sont également dans l'erreur. L'ordre d'apparition et d'enchaînement des deux groupes de phénomènes morbides démontre clairement que les affections mentales sont tantôt essentielles et tantôt secondaires. Les phénomènes sympathiques prédominent souvent sur ceux qui tiennent immédiatement à la lésion de l'organe affecté tout d'abord; de là une chance d'erreur que n'ont pas su éviter beaucoup d'observateurs. Dans la forme mélancolique principalement, l'encéphale, qu'il soit affecté d'une manière primitive ou secondaire, réagit avec énergie sur les organes contenus dans la cavité abdominale. Dans le premier cas, il amène la manifestation de phénomènes sympathiques à peu près constants; dans le second, il contribue à entretenir et à développer la maladie qui lui a donné naissance. Les accidents cérébraux se rattachent aux modifications viscérales par des rapports de causalité réciproque.

Quelques auteurs, et particulièrement M. Bayle, ont pensé que la nature même des affections viscérales pouvait imprimer aux troubles fonctionnels du cerveau un caractère particulier. C'est ainsi que les affections de l'estomac et des intestins grêles détermineraient surtout la crainte du poison et le refus des aliments; les lésions du côlon, les impressions hypochondriaques, les délires chimériques; celles du foie, la tristesse, l'abattement, l'ennui de la vie. Mais il n'y a rien de précis dans tout ce que l'on a avancé sur ce sujet; la manie peut très-bien se développer sous l'influence d'un vice hépatique, de même que l'hypochondrie et la mélancolie peuvent résulter d'une affection d'un organe quelconque de la cavité abdominale et même de la cavité horacique. Tout ce que l'on peut affirmer, d'une manière générale, c'est que les maladies des viscères abdominaux déterminent surtout des délires mélancoliques.

§ XV.

Les rapports sympathiques de l'utérus avec les autres parties de l'organisme sont, après ceux de l'estomac, les premiers qui aient fixé l'attention des observateurs; et il n'est pas besoin, pour que l'utérus devienne le point de départ d'irradiations morbides, de lésions organiques profondes, il suffit souvent de légers troubles fonctionnels. C'est cette influence prédominante de l'utérus sur le moral de la femme qui a fait dire à Van Helmont : *Propter solum uterum, mulier est id quod est.* Il nous suffit de jeter les yeux autour de nous pour apprécier cette influence : à l'approche de ses règles, la femme est disposée aux pleurs et à la tristesse; son caractère, ses sentiments affectifs, subissent souvent des variations étranges. Au moment où la jeune fille arrive à la puberté, on voit souvent se développer chez elle une vive impressionnabilité nerveuse, une exaltation morale et intellectuelle singulière. « Jamais une jeune fille, dit Osiander (1), n'éprouve un amour plus pur, plus délicat et plus tranquille; jamais elle n'est plus mystique et plus enthousiaste, et, en même temps, néanmoins, plus portée aux plaisirs sensuels, plus séduisante et plus passionnée, que dans le début de la période de développement, ordinairement même avant que le flux mensuel ait commencé son cours, ou qu'il ait reçu son organisation régulière. Des historiens de Jeanne d'Arc ont pensé que l'absence du flux cataménial, chez cette héroïne, n'avait pas été sans influence sur son exaltation intellectuelle et son touchant mysticisme. Lorsque Jeanne d'Arc fut brûlée à Rouen, elle avait 19 ans, et l'on rapporte que,

(1) *Maladies de développement du sexe féminin.*

selon toute apparence, la menstruation ne s'était pas encore établie chez elle (1).

L'influence de l'âge critique sur la santé morale de la femme n'est pas moins bien établie.

Qui ne sait les penchants bizarres, les impulsions insolites que la grossesse détermine chez les femmes?

Cela dit, j'examinerai successivement quels sont les lésions organiques et les troubles fonctionnels de l'utérus et de ses annexes qui peuvent devenir causes excitantes de l'aliénation mentale.

§ XVI.

Lisfranc (2) et M. Belhomme (3) ont cité plusieurs exemples d'affections utérines qui ont été le point de départ d'aliénations mentales sympathiques. M. Belhomme désigne ces cas sous le nom générique de *névropathies utéro-cérébrales*. Dans son premier mémoire, publié en 1836, M. Belhomme a consigné deux observations; l'une est relative à une lypémanie, avec propension à l'homicide, développée chez une femme peu après l'accouchement; la seconde contient l'histoire d'une femme devenue maniaque sous l'influence d'un engorgement subinflammatoire du col de l'utérus. Dans un deuxième mémoire, intitulé *Considérations sur les folies sympathiques*, M. Belhomme rapporte encore plusieurs faits analogues. La deuxième et la troisième observation sont relatives à des accès de folie survenus sous l'influence de carcinomes utérins, et qui ont cédé avec un traitement palliatif de la maladie utérine. Nous

---

(1) *Notices et extraits des manuscrits de la Bibliothèque nationale concernant le procès de Jeanne d'Arc*, 1790.

(2) Voir aux observations.

(3) *Recherches sur la localisation de la folie*

voyons dans la quatrième observation, avec une suppression des règles et des symptômes de métrite, se manifester, chez une femme accouchée depuis trois mois, d'abord de la bizarrerie, puis des accès de manie avec agitation, des hallucinations, un penchant à l'érotomanie. Les règles réapparaissent, la métrite se dissipe et, avec elle, le désordre intellectuel et moral.

Le journal de Nasse pour les médecins d'aliénés, et le recueil de Greding contiennent plusieurs faits de lésions organiques de l'utérus ou des ovaires dans l'aliénation mentale. Dreyssig (1) affirme qu'on trouve fréquemment des endurcissements de l'ovaire chez les femmes qu'un désir immodéré des jouissances sexuelles a conduites à l'aliénation mentale. On a signalé des kystes séreux des ovaires et des tumeurs de l'utérus, plus ou moins considérables, de nature diverse.

M. Scip. Pinel (thèse inaugurale) n'a rencontré que quatre lésions organiques de l'utérus et deux lésions organiques des ovaires sur deux cent cinquante neuf autopsies d'aliénées.

Mais je laisse là l'anatomie pathologique; « il n'y a que la vie qui apprenne à connaître la vie, aussi bien dans les sciences que dans les arts, a dit Ricser; et, de même aussi, il n'y a que la vue même de la maladie sur un sujet vivant qui en donne une vive image, propre à diriger le coup d'œil pratique. »

La proportion des affections mentales que l'on peut raisonnablement attribuer au trouble de la menstruation, sans s'exposer à prendre l'effet pour la cause, est encore assez considérable. Hippocrate avait signalé déjà cette disposition, et nous la trouvons mentionnée dans presque tous les auteurs qui ont traité cette question. Esquirol dit qu'elle entre pour un sixième parmi les causes physiques de la folie. M. Guislain, tout en admettant l'influence directe de la suppression des règles sur la génération de l'état phrénopathique, dit qu'il ne se rappelle pas avoir jamais rencontré dix aliénées chez qui

---

(1) *Manuel de pathologie des maladies chroniques*, t. II, p. 632; Leipsick, 1799.

cette influence apparût nettement. Georget considère l'aménorrhée ou la dysménorrhée comme des effets et non pas comme des causes de l'aliénation mentale. M. Voisin s'est aussi attaché à prouver, par l'interprétation des faits, que les troubles menstruels sont l'effet de la folie. M. Brierre de Boismont, dans un mémoire inséré dans les *Annales médico-psychologiques*, a rapporté des faits qui tendent à démontrer que, dans de certaines situations, la suppression des règles peut être considérée comme une cause directe de l'état phrénopathique. M. Archambault admet bien que la suppression de l'écoulement périodique puisse déterminer des maladies mentales, mais il conteste qu'il y ait un rapport vraiment sympathique entre la suppression d'un flux naturel et l'apparition de troubles cérébraux. Malgré tout le respect que je professe pour mon excellent maître, j'avoue ne pas bien comprendre pourquoi on se refuserait à envisager les altérations vitales, les troubles fonctionnels, comme impuissants à produire les mêmes effets que les lésions organiques proprement dites, dans la génération des maladies.

Beaucoup de faits bien observés démontrent que la suppression des règles précède manifestement les premiers symptômes du délire et n'est pas toujours due, comme l'ont prétendu quelques praticiens, à quelque autre cause productrice de la maladie mentale où à la réaction du cerveau lui-même sur l'appareil reproducteur.

Lorsque la mentruation ne s'établit pas ou ne s'établit que tardivement et d'une manière pénible ; que le flux mensuel est moins abondant ou vient à se supprimer ; qu'il s'accompagne de douleurs ou se complique de certaines maladies, il n'est pas rare de voir survenir l'aliénation mentale. Le délire cesse alors ordinairement au rétablissement du flux cataménial.

Esquirol parle d'une jeune fille, devenue aliénée par la suppression des règles, qui, un matin, en se levant, alla se jeter au cou de sa mère, en s'écriant qu'elle était guérie ; ses menstrues avaient coulé abondamment et sa raison s'était rétablie aussitôt.

Une jeune fille, qui ne fut réglée que vers sa vingtième année, cessa de l'être après la seconde menstruation et fut affectée de lypémanie; elle était dans un état d'agitation et d'inquiétude extraordinaire, et avait l'idée fixe qu'elle était entourée de persécuteurs, qui voulaient la tuer elle et son père. La réapparition des règles fit cesser la maladie. Cinq ans après, elle eut une nouvelle suppression du flux menstruel, et sa mélancolie reparut avec le même caractère (1).

Une femme de Paris, ayant depuis trois mois une suppression de règles qui lui causait des douleurs de tête continuelles et la jetait dans un état permanent de mélancolie, forma le projet de se donner la mort, en se précipitant dans la Seine, au delà du pont de Sèvres. Elle ne choisit cet endroit, dit-elle, que pour n'être pas exposée à la risée du public, quand on viendrait à la ramasser dans les filets destinés à retirer les noyés. Elle allait pour exécuter ce dessein, lorsque, chemin faisant, ses règles parurent; elle sentit aussitôt ses idées se modifier; elle renonça à son projet et revint guérie chez elle (2).

J'admets volontiers, pour moi, que les désordres menstruels sont souvent l'effet de l'aliénation mentale, mais je suis persuadé qu'ils peuvent en être aussi la cause déterminante.

Une vive affection morale, survenue au moment de l'époque menstruelle, et qui supprime l'écoulement, a nécessairement exercé une action directe sur le cerveau, et il n'est pas besoin, pour expliquer une aliénation mentale qui survient, d'invoquer la réaction de l'appareil reproducteur.

Une femme voit tomber la foudre auprès d'elle; ses règles se suppriment; un accès de manie survient; huit mois après, la manie cesse avec le retour de la menstruation. La cause de la folie est-elle physique ou morale? Ici la question peut être controversée; je ne fais pas de difficulté pourtant d'admettre que la cause morale a

(1) Thèses de Paris, Edme Courot.

(2) Vering, *Nasse Zeitsch,* 1822.

engendré le délire. Mais, dans le cas suivant, il est impossible de méconnaître la toute-puissance de la cause physique.

Une femme ayant ses menstures est mouillée par une averse: suppression des règles; un accès de manie éclate, qui dure trois mois; elle guérit avec la réapparition des règles.

M. Landouzy a observé, chez une jeune femme, un cas d'hystérie compliqué de lypémanie suicide; plus de dix fois, la jeune fille avait tenté de se donner la mort. La maladie étant due à une dysménorrhée, on eut recours à la saignée et à des applications de sangsues, répétées chaque mois, à l'époque des règles. Les menstrues reprirent bientôt leur abondance et leur régularité normales; tous les accidents disparurent alors (1).

Benoît de Vérone rapporte (*de Insania*, l. II, ch. 28) qu'une Italienne, qui courait nue dans la ville, entra, par hasard, dans une maison de débauche, et s'y livra à quinze hommes. Ses règles, arrêtées depuis longtemps, coulèrent abondamment, et elle fut ainsi guérie de son délire, mais non sans éprouver une grande honte.

L'irrégularité du flux cataménial, à l'âge critique, ou sa suppression définitive amènent quelquefois la folie, et il est assez digne de remarque que, dans ces cas, on a vu l'apparition momentanée de cette évacuation modifier avantageusement l'état moral. M. Guislain professe que l'âge critique est, dans quelques cas, chez la femme, générateur spontané des maladies mentales, notamment de la mélancolie et de l'hypochondrie.

Il semble, d'un autre côté, que cette fonction menstruelle ne puisse s'établir, chez certaines femmes, sans entraîner des troubles profonds de l'organisme et particulièrement dans les centres nerveux. M. Esquirol a vu, à la Salpêtrière, une femme devenue folle à la première menstruation, et qui guérit à 42 ans, lors de la dis-

---

(1) Landouzy, *Traité de l'hystérie*, p. 299.

parition des menstrues (1). M. Guislain a vu une manie se manifester immédiatement à l'époque de la puberté, cesser après une première et une seule menstruation, se montrer de nouveau à l'âge de retour, lorsque ce flux avait été supprimé pendant vingt-cinq années (2). M. Belhomme cite une demoiselle de 45 ans, qui n'est aliénée qu'aux époques où venaient ses règles autrefois; le délire dure plusieurs jours; dans l'intervalle de ces retours d'aliénation, cette malade est dans un calme parfait, et sa conversation n'annonce pas un grand dérangement des facultés intellectuelles (3).

L'époque menstruelle est presque toujours orageuse pour les aliénées; cependant on voit l'apparition des règles modifier favorablement certains accès de manie. Chez la plupart des aliénées, le flux cataménial est supprimé et l'observation démontre que la guérison n'est pas confirmée, si, l'accès cessant, les règles ne reparaissent point.

On remarque aussi fréquemment un léger retour de la maladie mentale, vers l'époque des règles, dans la convalescence des aliénées, et les rechutes coïncident souvent avec cette époque.

La suppression de la leucorrhée, qui supplée souvent chez les femmes des villes, qui mènent une vie trop sédentaire, l'écoulement menstruel, est aussi une cause de folie. La réapparition de la leucorrhée est l'indice de la guérison. C'est là une précieuse indication thérapeutique, dont l'application, d'après Esquirol, peut être plus fréquente qu'on ne le pense communément.

§ XVII.

Dans la grossesse, l'utérus développe d'énergiques réactions sur

(1) Article *Folie* du *Dict. des sc. méd.*

(2) *Leçons orales sar la phrénopathie*, t. II, p. 75.

(3) *Recherches sur la localisation de la folie.*

l'encéphale et vient exercer une influence marquée sur les facultés intellectuelles et morales. Cette influence est prouvée par les penchants et les appétits bizarres, la perversion des affections, des impulsions à la violence, au vol, au suicide, au meurtre même. La manie furieuse éclate quelquefois pendant le cours de la grossesse. Dans les premiers temps de la grossesse, les troubles de l'innervation sont dus à la suractivité fonctionnelle de l'utérus, qui réagit avec énergie sur les centres nerveux. A une époque plus avancée, les phénomènes de compression, l'obstacle apporté à la circulation du sang dans les membres abdominaux par le développement progressif du fœtus, et peut-être aussi les changements survenus dans la composition du fluide sanguin, viennent ajouter leurs effets à l'irradiation nerveuse. Mais des faits bien authentiques démontrent l'influence même de la conception et des modifications immenses qu'elle imprime à l'appareil reproducteur.

Une jeune femme, le lendemain de ses noces, présenta des apparences de dérangement dans la raison, un léger trouble dans les idées, que l'on attribua à des fatigues physiques. On prescrivit seulement des bains et du petit-lait ; mais il paraît qu'elle était enceinte. Deux fois depuis elle devint grosse, et chaque fois elle se mit à délirer dès le premier jour de la conception. De manière que lorsqu'elle délirait on pouvait la croire enceinte et l'annoncer sans crainte de se tromper (1). Esquirol rapporte un fait tout semblable (2). M. Edme Courot cite dans sa thèse une dame qui devenait aliénée de deux grossesses l'une.

J'écarte, bien entendu, les cas où une influence morale a pu déterminer l'invasion de la maladie ou du moins y contribuer. Esquirol a donné des soins à une jeune dame qui avait eu un accès de manie

(1) Thèses de Paris, Edme Courot.

(2) *Des Maladies mentales*, t. I, p. 71.

dès la première nuit de ses noces : sa pudeur s'était révoltée contre la nécessité de coucher avec un homme. Le même auteur cite une jeune femme très-nerveuse qui fut si douloureusement affectée par les premières approches de son mari, que sa raison s'aliéna immédiatement.

Il y a donc manifestement pendant la grossesse une action sympathique de l'utérus sur le cerveau. Dans certains cas, la folie se dissipe au bout de quelques mois ; il semble alors que l'innervation de l'appareil reproducteur se soit accoutumée à la fonction physiologique à laquelle elle doit présider. Mais le plus souvent la folie persiste jusqu'à l'accouchement.

A l'appui de cette influence de l'utérus sur les centres nerveux on peut citer la chaleur excessive, l'irritation vive que les aliénées éprouvent souvent dans cet organe pendant la durée des accès, tandis qu'on voit le calme se rétablir et le trouble des idées disparaître avec la cessation de ces phénomènes.

§ XVIII.

Le travail de l'accouchement peut devenir par lui-même une cause de folie qui sera plus ou moins persistante. Il suffit, pour le comprendre, d'en observer les différentes périodes. « Lors de l'accouchement, dit Naegele, dans son Traité des maladies du sexe féminin, l'altération dans le système sensible se manifeste clairement dans les variations d'humeur et dans les émotions subites qu'éprouvent des femmes, d'ailleurs sensées et nullement timides ; variations qui souvent ne sont pas le moins du monde en rapport avec leur caractère. On peut rapporter à cela l'expression étrange et farouche du regard, le changement dans les traits du visage, les palpitations, les tressaillements nerveux, les mouvements spasmodiques, les frissons violents, etc. Les troisième et quatrième périodes de l'accouchement ressemblent souvent, il est vrai, à un accès de folie. Les phénomènes extérieurs font voir que la femme a cessé d'être maîtresse de ses sens. Les palpitations, les convulsions et le délire, surviennent quelquefois sans aucune disposition préexistante susceptible d'être observée, et il n'est pas rare que ces symptômes se prolongent après l'accouchement. »

§ XIX.

L'état puerpéral dispose singulièrement les femmes à l'aliénation mentale, et il n'est pas toujours besoin, comme l'affirmait Georget, d'une cause efficiente secondaire, d'une influence morale, pour déterminer la folie. Quelquefois elle éclate immédiatement après l'accouchement; la 14e observation du 3e livre des Épidémies d'Hippocrate en est un exemple. D'autres fois l'aliénation mentale apparaît au moment de la fièvre de lait ou postérieurement, par suite de la suppression de l'écoulement lochial; Levret, Zimmermann et Esquirol, en ont cité plusieurs exemples.

Enfin l'allaitement même et surtout le sevrage deviennent les causes efficientes de la folie.

Esquirol a observé que, dans des cas très-rares à la vérité, la raison des accouchées s'égare, alors même que l'écoulement des lochies est régulier ou bien, pendant la lactation, sans que la sécrétion lactée soit diminuée, supprimée ou modifiée dans sa nature. Il affirme que, dans le plus grand nombre des cas, la suppression des lochies ou de la sécrétion lactée a précédé l'explosion du délire.

Une femme devint constamment folle au troisième mois de l'allaitement. Elle eut sept ou huit enfants. A chaque nouvelle grossesse, elle persista à vouloir nourrir elle-même son enfant, et constamment, au troisième mois, le lait se supprima et la manie éclata.

Il serait facile de multiplier ici les citations; je renverrai à l'excellent mémoire d'Esquirol sur l'aliénation mentale des nouvelles accouchées et des nourrices.

L'observation moderne n'a pas confirmé l'affirmation d'Hippocrate

(l. v, aphor. 40), que les femmes chez lesquelles le sang s'échappe par les mamelles sont menacées de manie.

§ XX.

Reil disait que la tête et les parties génitales étaient les deux pôles du corps, exprimant ainsi la réaction mutuelle que ces deux parties exercent l'une sur l'autre. Ainsi, de même que nous avons vu les désordres de la menstruation, l'accouchement, l'état puerpéral, déterminer la folie, nous voyons aussi le retour des règles, la grossesse et l'accouchement, faire cesser cette maladie. On peut en dire autant d'une excitation vive de l'appareil génital. Dominique de Léon rapporte (cap. *de Mania*) qu'une jeune fille, devenue maniaque *par rétention spermatique* et désir du plaisir, parcourait les champs et les bois, invitant tous ceux qu'elle rencontrait à soulager sa douleur; les refus qu'elle en recevait la portaient à les poursuivre et à leur jeter des pierres; dès qu'elle fut satisfaite, sa fureur s'apaisa. Krüger a écrit une dissertation sur le mariage envisagé comme pouvant servir de remède à un grand nombre de maladies.

L'hystérie, dont le point de départ est assurément l'utérus dans le plus grand nombre des cas, se complique souvent de mélancolie, de nymphomanie, de manie même.

§ XXI.

Après avoir étudié l'influence que les altérations vitales ou organiques de l'appareil reproducteur exercent sur le cerveau, je vais passer rapidement en revue les caractères propres que ces affections semblent imprimer aux troubles intellectuels et moraux.

De nombreux exemples prouvent une liaison étroite entre la folie religieuse et les anomalies physiques et fonctionnelles du système sexuel. L'érotomanie alterne assez souvent avec la folie religieuse;

ces deux formes de délire se rencontrent aussi réunies. Cela tiendrait-il à ce que beaucoup de personnes cherchent dans la religion la consolation d'un amour malheureux ou non satisfait? Toujours est-il que de nombreuses observations (1) établissent la connexité de la mélancolie religieuse avec une propension maladive aux plaisirs sensuels. La vie de plusieurs enthousiastes religieuses révèle cette tendance instinctive. La mélancolie religieuse coïncide fréquemment, chez les jeunes filles, avec la période du développement sexuel.

Les maladies mentales sympathiques des affections du système génital paraissent aussi quelquefois caractérisées par la propension au suicide ou le penchant au meurtre proprement dit (Friedreich, ouvrage cité, ch. 7). Les fastes de la justice criminelle signalent aussi la fréquente connexion de la lubricité avec le penchant au meurtre.

Les troubles de la menstruation engendrent la mélancolie, le penchant au suicide, des conceptions délirantes de nature mystique; quelquefois aussi l'excitation maniaque proprement dite.

Dans la folie des femmes grosses nouvellement accouchées, on remarque aussi la prédominance des idées tristes avec des impulsions au meurtre. C'est un fait dont les médecins et les magistrats ont à tenir compte en médecine légale. Friedreich rapporte avoir donné des soins à une accouchée dont les lochies s'arrêtèrent à la suite d'un refroidissement, et qui, dans sa folie, était toujours occupée de l'idée de tuer son enfant, qu'elle aimait tendrement auparavant. Le retour des lochies la guérit.

La manie avec excitation n'est pas rare chez les nouvelles accouchées affectées d'aliénation mentale.

Il m'a paru logique de considérer comme des exemples de folie sympathique les cas où l'aliénation mentale se produit, en dehors de toute cause morale, à l'époque puerpérale ou pendant la lactation et au moment du sevrage, forcé ou volontaire. Je reconnais la pré-

---

(1) Voy. Friedreich, *Diagnostic général des maladies mentales*, chap. 5, § 10

disposition puissante qui appartient aux modifications que la diathèse puerpérale imprime à l'organisme ; mais je crois avoir sainement interprété l'influence de la suppression des lochies, de la sécrétion lactée ou des changements survenus dans leur qualité et dans leur nature. La métastase laiteuse, dont on a tant abusé et qui est restée populaire, est aujourd'hui difficile à défendre, et l'on s'étonne de rencontrer encore cette explication dans le conciencieux ouvrage du Dr Friedreich sur le diagnostic général des maladies mentales.

§ XXII.

L'influence des organes sexuels sur le développement de la folie est plus marquée et plus fréquente chez les femmes que chez les hommes, ce qui tient évidemment au rôle plus complexe que ces organes ont à remplir chez les femmes. Parmi les causes physiques de de la folie, M. Parchappe n'a constaté, à Saint-Yon, que deux causes organiques non cérébrales, qui puissent être communes aux deux sexes, sur 385 aliénés, tandis qu'il en a trouvé cinq appartenant spécialement au sexe féminin. Ce fait nous explique pourquoi les causes de la folie restent plus souvent ignorées chez les femmes ou bien sont rapportées à des causes morales insignifiantes.

Chez l'homme cependant, les modifications qui s'accomplissent dans les organes sexuels à la période de la puberté, l'inactivité de ces organes, et certains vices matériels ou fonctionnels, peuvent être les causes excitantes de l'aliénation mentale.

Lallemand nous a laissé l'observation d'une spermatorrhée diurne, développée par une blennorrhagie, et sous l'influence de laquelle le malade fut affecté de gastralgie, d'hypochondrie, d'affaissement intellectuel, avec impossibilité de fixer l'attention, mobilité extrême des idées, conceptions délirantes, relatives à la santé, besoin irrésistible de mouvement. Après une cautérisation de la portion prostatique du canal de l'urèthre, il y eut une amélioration presque instantanée de l'état moral. Un retour des accidents de spermatorrhée ramena du trouble intellectuel ; une nouvelle cautérisation eut pour résultat une guérison définitive presque immédiate (1).

Je me hâte d'ajouter que cet exemple ne constitue qu'une exception. Ici il y a une relation directe évidente entre la spermatorrhée et le trouble intellectuel ; mais, dans le plus grand nombre des cas, les pertes séminales ne déterminent des accidents cérébraux qu'en débilitant tout l'organisme et en déterminant un trouble profond de l'innervation générale, comme l'onanisme, les jouissances sexuelles répétées.

§ XXIII.

La suppression du flux hémorrhoïdal est presque aussi funeste aux hommes que celle des menstrues l'est aux femmes, d'après l'observation d'Esquirol. Le délire qui apparaît alors affecte la forme mélancolique. Greding a vu, chez une femme qui avait eu des hémorrhoïdes depuis 15 ans jusqu'à 20, la cessation de ce flux déterminer un état de mélancolie.

§ XXIV.

Les maladies qui affectent le système des voies urinaires ne sont pas sans influence sur la production des maladies mentales. L'inflammation des reins s'accompagne de mélancolie. Chiarugi parle d'un paysan qui, ayant été atteint d'une strangurie douloureuse, fut saisi en même temps d'une profonde mélancolie, qui le portait à haïr ses parents et sa propre vie. Bonet et Greding ont décrit des altérations du rein chez des mélancoliques. MM. Delaye et Foville ont constaté des troubles de l'exercice intellectuel chez les malades

---

(1) *Des Pertes séminales involontaires*, 1re partie, p. 136.

affectés de lésions graves des voies urinaires. Le diabète et l'albuminurie exercent une influence aujourd'hui bien connue sur les centres nerveux.

§ XXV.

Les affections organiques du cœur ne sont pas rares chez les aliénés. Faut-il en conclure que l'aliénation mentale peut se développer sous leur influence? C'est une proposition qu'on avait longtemps admise en se basant surtout sur des faits d'anatomie pathologique. Puis on s'est demandé si les maladies du cœur n'étaient pas plutôt le résultat de l'aliénation mentale ou bien si elles n'étaient pas seulement accidentelles dans la folie. La vérité est encore ici dans un sage éclectisme: les maladies du cœur sont tantôt causes et tantôt effets de l'aliénation mentale. C'est le cas de répéter ici qu'on ne saurait comprendre l'action régulatrice du cerveau sur les fonctions organiques sans admettre la réaction des organes diversement affectés sur l'encéphale lui-même.

Un laborieux observateur, le Dr Nasse, s'est donné la tâche de réunir toutes les notions émises sur ce sujet, dans les temps anciens et modernes (1); mais, dans ses travaux sur ce sujet, d'ailleurs très-remarquables, il s'est laissé aller à faire trop grande la part d'influence du cœur sur les fonctions intellectuelles.

A quoi bon répéter, avec Pline et Valère Maxime, l'histoire du Messénien Aristomène, qui avait tué 300 Lacédémoniens et chez qui on trouva un cœur velu (*cor hirsutum*), aussi bien que chez les courageux combattants des Thermopyles et chez Lysandre? Faut-il ajouter plus de foi à des récits semblables d'Amatus et de Benivenius?

Pour démontrer l'influence du cœur sur les fonctions intellec-

---

(1) *Arch. f. med. Erfarhr*, jul., aug. 1817; *und Zeitsch von Nasse.*

tuelles, Nasse a recueilli un grand nombre d'exemples d'anomalies de position, de conformation et de structure chez des criminels.

Des observations de même nature ont été faites chez les aliénés ; on a noté des anomalies dans la position, dans le volume, des adhérences avec le péricarde, des épanchements séreux dans le péricarde, du sang et des polypes dans les ventricules et dans les oreillettes du cœur, des hypertrophies partielles, des anomalies dans la disposition des orifices, etc. On a indiqué l'état de sécheresse ou de mollesse du cœur.

J'ai souvent rencontré, dans mes autopsies, chez des aliénés, des vices organiques du cœur ; mais j'ai bien rarement observé une relation marquée entre la maladie du cœur et l'affection cérébrale. Dans deux cas, la folie avait été consécutive à la lésion organique du cœur et semblait placée sous sa dépendance ; dans un autre, le délire, déterminé par une cause physique différente, coïncidait aveo une affection du cœur, dont les exacerbations précédaient manifestement les accès.

M. Saucerotte, dont nous rapportons plus loin deux observations, a vu plusieurs fois l'aliénation mentale dépendre de l'hypertrophie du ventricule gauche.

Il est certain que les maladies du cœur sont loin d'entraîner toujours une lésion des fonctions intellectuelles, et que, d'un autre côté, le cœur n'a souvent rien d'anormal chez les aliénés; mais il n'en résulte pas qu'il faille nier l'influence du cœur sur le cerveau ou de celui-ci sur le cœur. Les organes ne peuvent-ils d'ailleurs, dans certains cas, exercer l'un sur l'autre des actions sympathiques, sans qu'il existe pour les expliquer des lésions appréciables ? Ne peut-il suffire de troubles fonctionnels ?

Corvisart a écrit, qu'à la troisième période de l'anévrysme du cœur, le malade est souvent pris de délire furieux. Nasse, sur le témoignage de Salius Diversus, de Davis, de Dreyssig et de Testa, dit que l'aliénation mentale est souvent le résultat de l'inflammation du cœur. Mais il se fonde sur un argument contestable, l'absence de lésions organiques du cerveau à l'autopsie.

§ XXVI.

Quelques médecins ont avancé que les maladies psycho-cérébrales liées à un état *pathologique* du cœur avaient pour caractères distinctifs la tristesse, le penchant au suicide, surtout dans les cas d'adhérence du cœur avec le péricarde. Le penchant à l'emportement, que Corvisart signale comme un des signes de l'anévrysme du cœur, se rencontre dans plusieurs affections de cet organe. On a noté aussi la propension au vol, au meurtre; mais, pour dire le vrai, rien ne prouve clairement que les maladies du cœur déterminent des troubles intellectuels ayant des caractères particuliers.

Le Dr Romberg, de Berlin, a donné des soins (1) à une femme qui éprouvait, dans la région du cœur, une forte douleur qui s'étendait presque dans l'épaule gauche; cette douleur revenait par paroxysmes, et la malade avait, lors de l'exacerbation de ses souffrances, un penchant irrésistible au meurtre: tantôt elle aurait voulu immoler tous ses amis les plus chers; tantôt elle dirigeait contre elle-même ses résolutions funestes.

En résumé, la folie est assez rarement le résultat d'une influence sympathique d'une maladie du cœur. Nous ne sommes pas encore bien fixés sur la nature des affections de cet organe qui peuvent causer la folie, et nous le sommes beaucoup moins encore sur les caractères particuliers qui peuvent appartenir aux troubles intellectuels qui dépendent des lésions organiques du cœur.

---

(1) *Nasse Zeitsch*, 1822, Heft. 1.

§ XXVII.

Esquirol, Greding et Georget, ont noté la fréquence des maladies des organes respiratoires chez les aliénés, pneumonies chroniques, altérations tuberculeuses à tous les dégrés, adhérences du poumon avec la plèvre, épanchements pleurétiques, etc. Mais l'observation raisonnée tend à faire considérer les maladies de ces organes comme le plus souvent accidentelles ou consécutives à l'aliénation.

Les désordres du système respiratoire ne réagissent probablement sur le cerveau que par les changements qu'ils déterminent dans le rapport quantitatif et qualitatif du sang avec le cerveau. C'est de cette façon que les affections aiguës du poumon et de la plèvre produisent le délire qui les accompagne assez souvent, et qu'il serait mieux de ne pas dénommer délire sympathique, mais plutôt symptomatique.

Il n'est pas rare de voir la phthisie alterner avec le délire mélancolique et surtout avec la manie. M. Belhomme cite, dans son deuxième mémoire, deux observations de ce genre. Perfect, Mead, Germain et Bouchet, en ont rapporté des exemples. M. Archambault a vu la suppression d'hémoptysies habituelles amener la folie. Ellis et Guislain signalent aussi l'alternance de la phthisie et de la manie; mais il n'y a pas là ce parallélisme des deux affections, qui caractérise les sympathies proprement dites; c'est cette forme de métastase ou plutôt de répercussion que les anciens désignaient sous le nom de *diadoxis*.

Bouchet rapporte cependant, dans son Mémoire statistique des aliénés de la Loire-Inférieure, imprimé dans les *Annales d'hygiène*, t. XXIII, l'exemple d'une jeune fille entrée à l'asile d'aliénés de Nantes dans un état de manie très-prononcé, et affectée en même temps de phthisie très-avancée. Les deux maladies marchèrent ensemble pendant quelque temps, paraissant affaiblir la malade de plus en plus. A la suite de vésicatoires aux bras et à la poitrine, une amélioration eut lieu; elle s'étendit à la manie et à la phthisie pulmonaire, et les deux maladies semblèrent peu à peu disparaître ensemble. La malade sortit complétement guérie de sa folie, ayant pris un certain embonpoint, toussant encore, et offrant des indices de la présence des tubercules, mais ne rendant plus de crachats purulents, ni même muqueux.

§ XXVIII.

Aux causes déjà nombreuses que j'ai indiquées comme pouvant déterminer sympathiquement la folie, on peut encore en ajouter quelques-unes : l'influence de névralgies extérieures, l'existence de certaines tumeurs de mauvaise nature, certaines lésions traumatiques, enfin la présence au milieu des tissus ou des cavités naturelles de corps étrangers, de larves, d'insectes, d'hydatides, etc.

Dans un mémoire lu à la Société de Gœttingue, Lafontaine rapporte l'histoire d'une femme devenue aliénée par suite d'un cancer au sein, et qui recouvra la raison après l'extirpation de la tumeur.

Le Dr Daudebertières, dans le *Journal complémentaire du Dictionnaire des sciences médicales,* cite un jeune homme atteint de manie à la suite d'une petite tumeur carcinomateuse de la première phalange du doigt annulaire; on fit l'amputation du doigt, et la folie disparut.

Chrichton (*Into the nature of mental derangement*) dit avoir vu la manie survenir par suite d'une entorse, de la fracture d'un os, d'une balle logée au milieu des muscles extérieurs du corps.

Mon excellent ami, M. Legrand du Saulle, dans un mémoire communiqué à la Société médico-psychologique, rapporte l'histoire d'une jeune fille affectée d'accès convulsifs et de manie, causés par la présence de larves vivantes dans les sinus frontaux. La guérison eut lieu après la destruction des insectes, au moyen de vapeurs arsenicales inspirées par le nez.

Le *Journal de psychiatrie* de Pisani, du deuxième trimestre de 1853, renferme une observation du Dr Belleti, relative à un accès de mélancolie, déterminé chez une ancienne maniaque par la présence de larves nombreuses d'insectes coléoptères logés en grand nombre dans le conduit auditif gauche, et qui avaient perforé la membrane du tympan ; ces larves paraissaient appartenir à la tribu des *clavicornes*, et probablement au genre *Neerphinis Dermestes*, qui habite ordinairement la peau des cadavres des animaux en proie à la fermentation putride.

Zuccari a observé une nymphomanie causée par des hydatides qui s'étaient développées autour du mamelon gauche, et qui se dissipa aussitôt que les hydatides eurent disparu.

Bonet, Benivenius, Sauvages, etc., rapportent des faits analogues.

§ XXIX.

Du traitement de la folie sympathique.

Pour être rationnel, le traitement de l'aliénation mentale doit être établi sur la distinction bien caractérisée de la cause productrice. Une névrose sympathique exige un traitement approprié à la nature et au siége du mal qui l'a déterminée. Ce n'est qu'après avoir satisfait à cette indication première, le traitement de la maladie primitive, qu'il faudra recourir aussi aux moyens qui exercent une action directe sur le cerveau lui-même.

Les causes des maladies sont peut-être le point le plus obscur de leur histoire, a dit M. Rostan, dans sa *Médecine clinique ;* Les renseignements manquent souvent, les phénomènes sympathiques prédominent sur ceux qui tiennent immédiatement à la lésion de l'organe primitivement affecté. Les causes de la folie ne sont pas d'ailleurs toujours isolées ; les affections organiques sont souvent réunies à des causes morales, soit qu'elles agissent simultanément comme causes efficientes, soit que les unes jouent vis-à-vis des autres le rôle de causes prédisposantes. Il faut tenir compte de l'hérédité et de l'influence indéniable des mariages dans la consanguinité et de la profession, etc. N'a-t-on pas vu, au commencement de ce siècle, plusieurs rois et plusieurs reines aliénés sur les trônes d'Europe? Dans le cas où il n'arrivera pas à discerner le premier mobile du désordre, le médecin éclairé, pour ne pas commettre une méprise préjudiciable au malade, interrogera tous les organes, toutes les fonctions, et dirigera tout à la fois le traitement contre l'affection cérébrale et contre les phénomènes sympathiques qui peuvent être primitifs ou secondaires.

Que les troubles organiques extra-cérébraux soit causes ou symptômes, il sera toujours utile de leur opposer des moyens curatifs appropriés.

Lorsque le médecin aura pu remonter à la cause réelle de la folie, il aura recours de préférence soit à des moyens physiques, soit à des moyens moraux. S'il est peu rationnel de vouloir guérir la mélancolie idiopathique avec des purgatifs, il n'est pas moins illogique de vouloir remédier par des moyens moraux à l'aliénation mentale qui dépend d'une suppression de la menstruation, d'hémorrhoïdes, d'une affection intestinale ou utérine.

Faisons quelques applications des données contenues dans le cours de ce travail.

Dans les cas de suppression du flux cataménial, de dysménorrhée douloureuse, il faudra favoriser le cours du sang, y suppléer au besoin. Il y aura lieu également de s'efforcer de rétablir, dans certaines circonstances, l'écoulement des lochies ou la sécrétion lactée, les hémorrhoïdes ou la leucorrhée. S'il s'agit d'une affection vermineuse, l'expulsion des vers amènera souvent la guérison, dans les cas d'aliénation mentale récente. Il conviendra d'appliquer un traitement approprié aux troubles organiques du cœur et des viscères abdominaux. Dans les cas où il existe une affection utérine, le traitement dirigé de ce côté est souvent couronné de succès. Quelquefois l'ablation de certaines tumeurs, la destruction de certains corps étrangers sera indiquée. La nature du trouble physiologique ou de l'affection organique ne permettra, dans certains cas, qu'un traitement palliatif, par exemple dans la grossesse, dans les affections cancéreuses de l'estomac, de l'utérus, etc. En un mot, rechercher et détruire la cause, au lieu de se borner aux effets, et faire ainsi de la thérapeutique rationnelle au lieu d'un banal empirisme.

Quant aux complications des folies sympathiques, affections convulsives de diverse nature, épilepsie, catalepsie, chorée, etc., elles ne réclament pas un traitement différent de celui qu'elles exigent isolément.

Le diagnostic étiologique ne peut servir de base à une bonne nomenclature, et je pense qu'il faut rejeter les noms de folie cardiaque, stomachique, vermineuse, utérine, abdominale, etc., qui ont l'inconvénient de donner une idée fausse du siége de la maladie. Les noms de névropathies utéro-cérébrale, gastro-cérébrale, etc. indiquent bien le parallélisme des deux affections, mais ne caractérisent pas suffisamment l'état phrénopathique. Il vaut mieux conserver les dénominations usitées et empruntées à la modalité du délire, en ayant soin d'indiquer, d'une manière précise, la cause présumée du désordre cérébral.

Je répète encore qu'en tout état de cause, il ne faudra jamais négliger les moyens hygiéniques et curatifs qui tendent à agir directement et indirectement sur le cerveau, et qu'on a coutume d'employer dans le traitement de la folie idiopathique. Je suis loin de prétendre qu'il faille borner les indications thérapeutiques au point de départ, au centre de l'irradiation morbide.

§ XXX.

DU PRONOSTIC.

La folie sympathique sera généralement plus facilement curable qu'une névrose essentielle, à la condition toutefois que la lésion viscérale ne sera pas elle-même au-dessus des ressources de l'art.

Willis avait bien observé, et beaucoup d'observateurs avec lui, que la folie qui prend naissance dans un habitus maladif du corps, et qui paraît tenir à des lésions du système digestif, présente des chances favorables de guérison. Il en est de même dans tous les cas où cette maladie est due à un état organique ou à un trouble fonctionnel susceptible d'une prompte guérison; mais on conçoit que le pronostic soit des plus défavorables s'il s'agit de certaines affections du cœur ou si la maladie est entretenue par un cancer de l'estomac ou de l'utérus.

Il faut tenir compte, dans le pronostic, non-seulement de la cause organique, mais du mode d'invasion, des symptômes, des complications, de la durée surtout. Une invasion subite, une durée encore peu prolongée, présentent des chances pronostiques plus favorables; les lésions du cerveau, d'abord exclusivement dynamiques, peuvent, si elles deviennent persistantes, engendrer des complications organiques plus graves.

La forme de la maladie mentale influe nécessairement aussi sur le pronostic.

RÉSUMÉ.

La folie est toujours une affection exclusivement cérébrale, mais elle peut reconnaître pour cause des affections organiques ou des troubles fonctionnels dans les différentes parties du corps. L'innervation est tantôt affectée directement dans sa partie centrale; tantôt la partie périphérique, lésée la première, détermine médiatement dans l'encéphale, par une transmission mystérieuse, des troubles fonctionnels plus ou moins intenses.

La folie sympathique est moins rare que ne l'admettent beaucoup d'auteurs, en France et à notre époque; elle a pour origine des maladies chroniques locales plus ou moins graves. Si quelques auteurs ont à peine entrevu cette cause, c'est faute de s'être entourés de renseignements suffisants, d'avoir convenablement exploré l'état des organes et des fonctions, et d'avoir su démêler, au milieu des conceptions délirantes des malades, ce qui était l'effet d'une souffrance réelle.

De nouvelles recherches, faites en dehors de toute opinion préconçue, sont nécessaires pour établir la fréquence de la folie sympathique et la proportion relative des causes morales et des causes physiques en général.

La folie sympathique affecte particulièrement la forme du délire partiel mélancolique, plus rarement celle de la manie.

Il n'est pas encore bien démontré aujourd'hui que les troubles intellectuels présentent des caractères particuliers, selon l'affection organique que la maladie cérébrale reconnaît pour origine.

L'observation prouve que les névroses intellectuelles sympathiques peuvent avoir pour point de départ : des lésions ou des troubles fonctionnels de l'estomac, des intestins grêles, du gros intestin, du foie, de l'utérus, des organes génito-urinaires, beaucoup plus rarement du cœur et des poumons. On ne sait rien de bien précis sur l'influence de la rate et du pancréas. Des corps étrangers, des larves ou insectes développés au milieu des tissus ou des cavités naturelles, deviennent aussi des causes productrices de la folie sympathique.

Le traitement doit être dirigé à la fois contre le point de départ du centre d'irradiation morbide et contre la névrose cérébrale elle-même.

Il peut arriver que la folie par *consensus* ne disparaisse pas avec la cause organique qui l'a produite, surtout si la maladie est déjà ancienne. C'est qu'alors la modification sympathiquement déterminée dans les centres nerveux est devenue trop habituelle, trop profonde; elle domine l'organisme et ne subit plus l'influence de l'affection éloignée dont elle était d'abord le retentissement.

Le pronostic est plus favorable dans la folie sympathique que dans la folie idiopathique, à moins que la lésion organique extra-cérébrale ne soit elle-même au-dessus des ressources de l'art.

OBSERVATION Ire (1).

Gastro-entérite chronique (manie intermittente); guérison (2).

Frédéric M..., sellier-carrossier, âgé de 48 ans, d'une famille saine, d'une santé délicate, sujet à la constipation, toussant souvent le matin, surtout en hiver, se plaignait fréquemment du bas-ventre, et y éprouvait un sentiment de gêne et d'embarras. Naturellement doux, modeste et très-sobre, il vivait en bonne harmonie avec sa femme, et n'avait d'ailleurs aucun sujet qui pût lui donner du chagrin. Depuis longtemps il suivait un régime irrégulier, et ne mangeait qu'une fois par jour, à six heures du soir. Un mois avant sa maladie, il avait perdu l'appétit, mangeait très-peu, buvait peu de vin, et se plaignait souvent de douleurs dans l'estomac. Trois jours avant de tomber malade, saignement de nez qui se renouvelle une fois chacun de ces jours.

Vers le commencement d'août, il fut un jour très-effrayé en voyant une rixe violente et sanglante qui eut lieu entre des ouvriers.

Au commencement du mois de septembre 1822, langue blanche, épaisse; mauvaise bouche; nausées; malaise général, courbature, pouls fréquent. (Boisson délayante.) La nuit, sueur abondante, fièvre forte.

Le 9, on lui donne 5 pilules drastiques de Clérambourg, qui ne provoquent point de selles, mais le jettent dans un état déplorable; il semble qu'il soit sur le point d'expirer. Chaleur brûlante; soif ardente. (6 pintes de tisane, plusieurs lavements.) Trois jours après, il mange une soupe et de la chicorée, boit de l'eau rougie, aromatisée avec l'eau de fleurs d'oranger. Il tombe ensuite dans un état très-alarmant, devient pâle et défait, a des selles bilieuses et glaireuses, et un redoublement à midi. Lorsque ces symptômes diminuent d'intensité, il est très-exigeant, et appelle sans cesse sa femme.

Le 20, à six heures du matin, vin de quinquina. Le soir, à six heures, sueur abondante; impossibilité de garder aucun vêtement sur lui; agitation. Plus tard,

---

(1) Thèses de Paris, J. Bayle, 1822.

(2) J'avais réuni un grand nombre d'observations de folie sympathique développée sous l'influence des causes les plus diverses. Je me proposais de présenter à la fin de mon travail un résumé succinct de chacune d'elles. Le temps m'a fait défaut, et je me suis borné à prendre un peu au hasard quelques-unes des observations que j'avais choisies, et à les ajouter à la fin de ce mémoire, à titre de démonstration.

assoupissement qui dure trois heures, au bout desquelles il se lève en fureur, crie qu'on l'assassine, qu'on veut l'empoisonner, le tuer; agitation violente; incohérence dans les propos.

Le 21, il est conduit à l'hôpital de la Charité, d'où il est renvoyé comme aliéné. Depuis ce jour, accès très-fréquents de manie, qui durent une demi-heure, trois quarts-d'heure; refus des aliments; intervalles de calme, pendant lesquels il est assoupi ou abattu, et à moitié raisonnable. — 24 sangsues.

Le 23, il entre à la Maison royale de Charenton. Pendant la nuit suivante, il crie, vocifère, frappe à la porte.

Le 24. Calme; refus de répondre et de montrer sa langue; mais un moment après il parle; langue très-rouge sur les bords et à la pointe, blanchâtre à sa face supérieure: chaleur intense à l'épigastre; douleur lorsqu'on comprime cette région; dévoiement; pouls très-fréquent. La nuit d'après, accès de manie, loquacité; incohérence dans les idées; agitation. Il sort de son lit, renverse et culbute tout ce qui se trouve dans sa chambre. (Camisole) Vers la fin de la nuit, sueur très-abondante qui mouille entièrement sa chemise, et est accompagnée de la diminution progressive du délire. — 15 sangsues à l'épigastre; tisane d'orge; diète.

Le 25 au matin, il jouit de toute sa raison, reconnaît son état, et demande pardon de ce qu'il a fait; il dit qu'il n'est pas maître de son transport; que, lorsqu'il est sur le point de vomir, il a un goût désagréable dans la bouche, éprouve de fortes nausées, et sent quelque chose qui part de son estomac, remonte à la gorge, et s'empare ensuite de la tête. Langue moins rouge, blanchâtre; goût de bile dans la bouche; envies de vomir par moments; dévoiement très-abondant accompagné de douleurs dans l'abdomen; pouls très-fréquent; peau chaude; continuation de la sueur. — 12 sangsues à l'épigastre.

La nuit suivante, accès de manie semblable aux précédents.

Le 26. Deux accès précédés et accompagnés des mêmes symptômes gastriques. Après la cessation du dernier, il sent la fièvre diminuer peu à peu, et sortir en quelque sorte par le bout des doigts; bouche mauvaise; pouls fréquent; dévoiement.

Le 27. Accès de courte durée; continuation des symptômes fébriles.

Le 28. Il parle beaucoup, pousse par moments des vociférations; se met à genoux; veut courir tout nu, et se livre à mille extravagances. La nuit d'après, état de calme et de raison. — Orge gommée; diète.

Les 29 et 30. Même état.

Le 1er octobre. Agitation par moments.

Le 2. Calme; langue rouge; pouls fréquent; dévoiement.

Le 3. Même état; pouls moins fréquent.

Le 4. Amélioration de tous les symptômes; dévoiement moins fréquent.

Le 5. Même état.

Le 6. Mieux sensible; même état jusqu'au 9.

Le 10. Agitation dans la nuit. Il se remet dans son lit; parle beaucoup; se plaint de nausées; craint d'être sur le point de mourir; continuation du dévoiement; pouls naturel; langue blanchâtre.

Le 11. Cessation du dévoiement; pouls un peu fréquent; sentiment de faiblesse; nulle altération des facultés; désir très-vif de retourner dans sa famille.

OBSERVATION II.

Affection chronique des voies digestives; mélancolie, excitation maniaque; autopsie (1).

Mme J..., âgée de 49 ans, a eu une de ses cousines germaines aliénée; vers le milieu de 1817, elle cessa d'être réglée; dans le mois d'octobre de la même année, sa tête se dérangea; elle fut prise d'un délire maniaque, accompagné d'une agitation violente qui la portait à détruire ce qui tombait sous sa main, à effiler son linge, à se décoiffer, se déshabiller, sortir nue dans la rue : le plus souvent elle était calme, tranquille, morose et dominée par des idées tristes qui naissaient du dérangement de ses digestions, et des douleurs qu'elle éprouvait depuis longtemps dans l'abdomen.

Depuis le milieu de 1818 environ, elle est dans un état de mélancolie accompagnée de légers paroxysmes d'agitation, et d'un affaiblissement considérable des facultés; elle attribue l'état de malaise général, dans lequel elle a toujours été depuis le commencement de sa maladie, aux aliments qu'on lui fait prendre, et qu'elle regarde comme jouissant de qualités malfaisantes, ou comme empoisonnés. Cette idée la domine habituellement, et ne lui laisse aucun repos; elle se plaint de douleurs très-vives dans la région épigastrique, refuse les aliments, est presque toujours constipée, et ne dort pas; elle a par moments la conscience de son état : il y a cinq jours, on lui a donné 15 grains d'ipéca, qui ont produit des vomissements copieux sans améliorer son état.

Le 4 février 1819, entrée à la Maison royale de Charenton. Pendant les quinze premiers jours, face jaunâtre, altérée et pâle; mélancolie profonde, avec un état d'affaiblissement de l'intelligence et des idées incohérentes; souffrances géné-

(1) Thèses de Paris, J. Bayle, 1822.

rales, craintes continuelles d'être empoisonnée, d'avoir une indigestion; refus des aliments; plaintes d'éprouver une lassitude universelle; des douleurs violentes dans l'épigastre, sur lequel elle tient souvent la main pour montrer le siége de son mal; langue rouge, constipation, pouls fréquent; en même temps, incohérence dans les idées, agitation par moments, insomnie.

Vers la fin de ce mois, et pendant celui de mars, désordre plus considérable des facultés, délire général, agitation violente, surtout la nuit; elle parle sans cesse, sort de son lit; pleurs, cris et délire; on éprouve la plus grande difficulté à la contenir; en même temps, incohérence complète des idées comme des mouvements, sans aucune idée dominante.

Vers le commencement d'avril, diminution et bientôt cessation entière de l'agitation; traits de la face profondément altérés et grippés; nulle réponse aux questions qu'on lui fait, ou réponses incohérentes; langue très-rouge; diarrhée abondante; pouls petit et fréquent, amaigrissement rapide; au bout de quelques jours, chute complète des forces; mort le 17.

A l'autopsie, on trouve de la sérosité dans les ventricules du cerveau; le parenchyme cérébral est résistant et injecté. L'estomac retiré sur lui-même, offrant une couleur d'un rouge brun, très-intense et uniforme dans toute son étendue, excepté le long de sa petite courbure, et autour du pylore; l'intestin très-rétréci, contenant des mucosités sanguinolentes, sous lesquelles la membrane muqueuse est rouge, et offre un petit nombre d'ulcérations; glandes mésentériques engorgées, ayant acquis environ le volume d'un pois à la moitié d'une amande.

OBSERVATION III.

Folie hypochondriaque, hépatite; guérison (1).

M. G..., maître d'hôtel garni, marié, âgé de 47 ans, d'un tempérament lymphatico-nerveux, s'est assez bien porté jusqu'au mois de mai 1840. A cette époque, sans pouvoir soupçonner d'autre cause que des excès de table, il ressentit une douleur sourde dans l'hypochondre droit. Appelé auprès de lui, nous trouvâmes le teint légèrement jaune, la région du foie quelque peu tuméfiée et sensible à la pression; la langue était blanchâtre, humide et un peu rouge à ses bords; l'appétit considérablement diminué; la peau avait sa température ordinaire, mais le pouls donnait 80 pulsations par minute. Du reste, pas d'autres

(1) Michéa, *Traité de l'hypochondrie.*

symptômes. Diagnostiquant chez ce malade une hépatite chronique, nous conseillâmes une application de 15 sangsues sur la région douloureuse, l'usage d'un régime lacté et des boissons délayantes. Malgré ce traitement antiphlogistique, il ne survint pas d'amélioration; alors M. G... commence à concevoir des inquiétudes relativement au retour de sa santé. Cet état moral empirant successivement, la perspective de sa mort, qu'il croit imminente, le désole sans cesse; cette pensée lui fait répandre des larmes. Il demande avec instances et anxiété tantôt un notaire pour lui transmettre ses dispositions envers sa famille, tantôt un prêtre pour se réconcilier avec Dieu devant qui son âme va prochainement paraître. Ce genre de terreur absorbe toute son activité morale; aussi le malade cherche-t-il avec une ardeur incroyable les moyens de reculer son heure dernière: il consulte des magnétiseurs, des homœopathes, des commères, des médecins qui prétendent diagnostiquer les maladies par l'entremise des urines. Il combine les divers traitements qui lui sont indiqués, et les emploie simultanément, dans le but d'obtenir par leur ensemble ce qu'il demande en vain à chacun d'eux en particulier.

Toutefois il revient à l'allopathie, ainsi qu'il la désigne lui-même; il nous supplie de le tirer de l'affreuse position où il se trouve, en nous promettant la moitié de sa fortune si nous y parvenions.

Nous lui faisons prendre des bains, et appliquer un large vésicatoire sur la région du foie. A l'aide de ces moyens, la douleur de l'hypochondre droit diminue, le gonflement de cette partie cesse, le teint perd sa couleur jaune; enfin, au bout de six semaines, la douleur hépatique ayant complétement disparu, l'hypochondrie s'évanouit d'elle-même, et ne s'est pas renouvelée depuis lors.

Réflexions. — Dans ce cas, une lésion corporelle se lie évidemment à un trouble de l'esprit; l'inflammation chronique du foie engendre et entretient l'hypochondrie. La première affection est si bien la cause de la seconde, que celle-ci disparaît aussitôt que l'autre cesse.

OBSERVATION IV.

Folie hypochondriaque consécutive à une maladie du foie; autopsie (1).

Un homme de lettres reçoit, à la promenade, un coup violent sur l'hypochondre droit; à l'instant, il perd connaissance et rejette ses aliments.

---

(1). Scip. Pinel, Thèses de Paris, n° 295; 1819.

Le lendemain, douleur à l'épigastre s'étendant à l'hypochondre droit, pouls dur et fréquent, paroxysme le soir, anxiété extrême.

Le septième jour, couleur jaune de la peau, abdomen tendu et douloureux, douleur pongitive à droite; urine brune, sueur tachant le linge en jaune.

Le seizième jour, l'état aigu a diminué; le pouls est moins fort; le malade ressent une douleur sourde dans la région hépatique, des flatuosités incommodes, des éructations, la constipation, des sentiments irréguliers de chaleur au visage, des vertiges, une tristesse profonde et concentrée, des craintes de la mort, la défiance la plus ombrageuse, incohérence des idées. L'état ne fait qu'empirer; la mort survient au bout de près de neuf mois.

Pendant les premiers mois de sa maladie, ce malheureux se croyait sans cesse obsédé de petits démons qui voltigeaient autour de lui, s'introduisaient dans son lit, parlaient dans son ventre, etc. Cet état persista pendant près de trois mois; il succéda une sombre tristesse et des terreurs paniques jusqu'à la fin de la maladie.

A l'ouverture du corps, le cerveau et les viscères thoraciques furent trouvés sains.

Le foie, d'un volume considérable, occupant une grande partie de l'hypochondre gauche, descendant près de l'ombilic, était farci de tubercules lardacés, canceriformes, d'une grosseur variable. Le reste de la substance du foie n'était pas désorganisé, mais jaunâtre et presque sec; la vésicule biliaire, d'une petitesse extrême, contenait un peu de bile rougeâtre.

L'estomac et les intestins, remplis de gaz, étaient d'une blancheur remarquable.

OBSERVATION V.

Polype de l'utérus; aliénation mentale; ablation du polype. Guérison.

Une jeune dame eut, pendant une première grossesse, un accès d'aliénation mentale qui guérit peu de temps après son accouchement. Dix ans après, elle devint folle de nouveau, et l'on crut encore qu'elle était enceinte. Dans l'incertitude de la nouvelle grossesse, on consulta Boyer; ce chirurgien annonça la présence d'un polype dans l'utérus. Il fut enlevé : l'aliénation mentale cessa aussitôt. (Observation communiquée à la Société médicale d'émulation par M. le Dr Gaultier de Claubry.)

OBSERVATION VI.

Affection du col de l'utérus; aliénation; traitement de la maladie utérine. Guérison.

Lisfranc, dans le IIe volume de la *Clinique chirurgicale de la Pitié*, rapporte plusieurs observations dans lesquelles il établit l'influence diverse de certaines lésions de l'utérus sur la production des affections nerveuses: «La matrice, dit-il, est le foyer du mal d'où s'irradient des souffrances qui souvent ne s'y font pas sentir, et qui sévissent avec force plus où moins loin d'elle.» J'extrais de ce travail deux observations qui se rapportent plus spécialement à mon sujet.

1° Une femme âgée de 28 ans, d'un tempérament nerveux et sanguin, appartenait à une famille dans laquelle on n'avait jamais observé la folie. Cette femme perdit tout à coup la raison; elle avait beaucoup d'éloignement pour son mari, elle ne pouvait pas même tolérer sa présence.

Nous savions que la malade avait huit enfants; sa conversation roulait d'ailleurs presque constamment sur l'acte de la génération. J'insistai sur toutes ces circonstances; elles éveillèrent l'attention du médecin, qui dut la porter sur les organes génitaux. Je pratiquai le toucher par le vagin, je constatai un engorgement assez considérable de la partie antérieure du corps de la matrice légèrement hypertrophié; le col de cet organe était très-incliné en arrière. Je prescrivis les moyens propres à combattre la maladie de l'utérus. Lorsque la subinflammation qui compliquait l'engorgement, et qui peut-être l'avait produit, eut presque disparu, j'appliquai le spéculum; je vis sur la lèvre postérieure du museau de tanche une érosion de la largeur d'une pièce d'un franc. Je la cautérisai immédiatement avec le nitrate acide liquide de mercure. Au bout de six semaines, les symptômes de l'aliénation mentale avaient déjà diminué. Le traitement fut continué pendant six mois avec les modifications qu'exigèrent les circonstances. A cette époque, la malade avait recouvré toute sa raison; elle l'a conservée pendant trois ans, mais alors elle devint enceinte; la folie récidiva, elle persista jusqu'au sixième mois de la gestation, qui était d'ailleurs assez orageuse. Une saignée de 12 onces, pratiquée au bras, vers le milieu de la grossesse, produisit un amendement extrêmement marqué. Il semble que la guérison doive être attribuée à cette évacuation sanguine.

OBSERVATION VII.

Affection utérine, disposition à la nymphomanie; guérison.

Lisfranc dit aussi avoir souvent constaté un engorgement de l'utérus chez des femmes affectées de fureur utérine, et il ajoute avoir guéri celle-ci en guérissant l'engorgement.

Voici l'un de ces cas : « Une jeune dame, paraissant jouir de tous les attributs de la meilleure santé, avait toujours été peu disposée à l'acte de la génération. L'organe vénérien était peu développé chez elle; mais, vers le commencement de la quatrième année de son mariage, elle confia à l'une de ses amies que depuis quelques mois elle faisait toutes les nuits, pour ainsi dire, des rêves qui la fatiguaient et lui déplaisaient beaucoup, que, dans la journée, son imagination s'occupait presque constamment de choses pour lesquelles autrefois elle avait de l'indifférence. Cet état augmenta. M. Lisfranc reconnut que la caloricité du vagin était très-grande, que le col de l'utérus était dilaté et hypertrophié; que le corps de l'organe était également hypertrophié. Le chirurgien conseilla son traitement ordinaire des engorgements de l'utérus, et avec l'engorgement disparurent tous les accidents.

OBSERVATION VIII.

Engorgement inflammatoire du col de l'utérus; délire partiel; traitement approprié de l'affection utérine. Guérison.

On pourrait rapprocher de ces observations le second fait cité par M. Belhomme dans son premier mémoire sur les folies sympathiques (*Recherches sur la localisation de la folie*). Il s'agit d'une dame chez laquelle, sur 5 grossesses presque successives, 3 furent accompagnées d'aliénation mentale. Deux ans après la cinquième grossesse, un accès d'aliénation se déclara après une suppression de règles, et l'on pouvait croire à une grossesse nouvelle. Lisfranc, consulté, reconnut l'existence d'un engorgement subinflammatoire du col de l'utérus. Après deux mois d'un traitement convenable, Lisfranc put constater une amélioration sensible dans l'état de la matrice; en même temps, les idées de la malade prirent un caractère de lucidité non équivoque; elle reconnut toutes ses illusions, elle demanda ses parents, son mari, et bientôt elle fut en état de rentrer chez elle. La guérison fut complète après quelque temps de séjour à la campagne.

M. Saucerotte a publié plusieurs observations remarquables de l'influence des maladies du cœur sur la production du délire. Nous citerons les deux plus complètes.

OBSERVATION IX.

Folie sympathique de l'hypertrophie du cœur.

M..., officier retraité, âgé de 58 ans, d'une constitution robuste, mais fatigué prématurément par la guerre, succomba en janvier 1844 à une hydropisie générale, succédant à une lésion organique du cœur qui s'était révélée depuis longues années par les signes propres à l'hypertrophie avec dilatation des ventricules. Cette maladie offrit, à plusieurs reprises, des exacerbations assez violentes qui s'accompagnaient, deux ou trois ans avant la mort, d'un dérangement singulier des facultés mentales, lequel ne se manifestait jamais qu'avec le redoublement des palpitations, de l'oppression, etc., et se dissipait avec eux, à l'aide des moyens communément employés contre les maladies du cœur. (Saignées locales, digitale, nitre, etc.) M... était très-religieux; des révélations intimes lui avaient appris, dit-il, des choses importantes pour le bonheur de la France. Il s'occupait alors à rédiger, sous forme de mémoires, des pétitions aux princes, aux ministres, etc.; des réflexions incohérentes, des pensées sans suite sur les affaires publiques, sur la prospérité de l'État, sur les destinées du peuple juif, avec mille extravagances sur le Nouveau-Testament, sur la mission divine dont il était chargé, etc. Un jour, il eut une vision. Une voix d'en haut lui enjoignait de déposer entre les mains d'un prince de la famille royale alors en séjour à Lunéville, une huile sainte qui devait assurer le bonheur de la dynastie et celui de la France. Vivement préoccupé de cette idée, M... se rend chez un pharmacien, achète une petite fiole d'huile d'amandes douces, attend le prince sur son passage et lui remet entre les mains la précieuse liqueur sur laquelle reposent, dit-il à son Altesse royale, les espérances de la patrie. Tout cela se passait à l'insu de sa famille dans laquelle M... craignait de trouver de l'opposition à ses vues. Ce n'est que plus tard que tout fut découvert, car sur tout autre chapitre, il parlait en homme très-sensé et n'aurait laissé soupçonner à personne le trouble partiel de l'intelligence. Or il est à remarquer que ce trouble coïncidait constamment avec des exacerbations dans la maladie du cœur, et qu'en se rendant maître de ces accidents, on rendait à l'intelligence sa lucidité ordinaire. M... reprenait son calme, cessait d'être poursuivi par ses hallucinations. Dans les derniers temps de son existence, il fut constamment préoccupé et agité par les mêmes idées chaque fois qu'il était plus mal. Il avait fini par me mettre dans sa confidence, et je ne pus obtenir de lui le silence sur ce chapitre, à l'endroit duquel il était intarissable, qu'en lui promettant que je me chargerais de sa mission lorsqu'il irait

OBSERVATION X.

C..., sous-officier dans un régiment de ligne, éprouva un jour, en sortant de dîner joyeusement avec des amis, une hallucination singulière. Il crut apercevoir des fantômes blancs à formes fantastiques et indéfinissables, qui se posaient devant lui d'un air menaçant. C... crut d'abord qu'il était en proie à l'une de ces aberrations qu'enfantent parfois les fièvres bachiques ; mais la reproduction de ces apparitions vint bientôt le détromper. Honteux de ses visions, reconnaissant lui même qu'il était le jouet d'une fantasmagorie, et craignant surtout les plaisanteries de ses camarades, ce jeune homme n'osa avouer, tant qu'il fut sous les drapeaux, de quelle bizarre affection il était atteint. Mais lorsqu'il quitta le service, il me confia tout et me demanda conseil. Je ne pus reconnaître chez lui autre chose que les signes propres à une hypertrophie du ventricule gauche. Je soumis ce malade à des saignées générales et locales, à la digitale, aux bains froids, et je parvins à le débarrasser pour deux ans de ses hallucinations. Mais la mort tragique de son frère qui venait de se suicider le fit retomber dans son premier état, par suite de l'analogie qu'il trouvait, non sans motif, entre leur position mutuelle. Avec l'exacerbation des symptômes patholologiques du cœur, reviennent les hallucinations et les terreurs qui en étaient la suite, et cela, à un point tel, que C... n'osait rester seul dans sa chambre, ou coucher seul, dans la crainte d'être poursuivi par ces apparitions qu'il avait même en plein jour. Le même traitement a ramené du calme, mais C... est souvent inquiet, morose, il se plaint de palpitations, de douleurs dans la poitrine, de céphalalgie. Il a la crainte de perdre la raison et de finir comme son frère. Du reste son intelligence est parfaitement nette, il ne déraisonne sur aucun sujet.

M. Saucerotte rapproche de ces deux faits cinq autres observations qui présentent toutes ce caractère particulier, que ce sont des membres de mêmes familles qui les ont offertes. Dans chacune de ces observations, les prédispositions délirantes ont toujours été sous la dépendance de l'affection du cœur, disparaissant lorsque cette dernière était enrayée dans sa marche, revenant avec une intensité nouvelle, lorsque la maladie faisait des progrès.

Dans les 7 cas observés, M. Saucerotte a noté les caractères des hypertrophies du cœur. (*Annales médico-psychologiques, 1844.*)

OBSERVATION XI.

Folie sympathique consécutive au développement d'un produit anormal dans l'utérus; expulsion de ce produit. Guérison.

Mme B..., tourmentée depuis quelques mois par des inquiétudes vagues, vit augmenter cet état de malaise qui prit progressivement un caractère plus déterminé; bientôt inquiétude très-grande, larmes répandues abondamment et sans motif; jalousie insupportable, et attachement indiscret pour son époux : rien ne peut calmer cette effervescence sentimentale. Insensiblement, cet état est remplacé par une indifférence marquée pour tout ce qui lui était cher auparavant; les facultés intellectuelles s'altèrent; discours incohérents; plaintes injurieuses sans raison; reproches injustes; penchant à la bigoterie; désir de la mort par incertitude de l'avenir. Pendant ce temps, des hémorrhagies utérines surviennent à des intervalles plus ou moins rapprochés. Enfin, à la suite de quelques légères coliques abdominales, la malade rend, sans efforts et sans douleurs, un corps pyriforme, de 2 pouces de circonférence, et qui fut reconnu être une môle de l'espèce de celles que l'on nomme *charnues*. Le repos, une diète sévère, la limonade très-froide, furent conseillés; et depuis cette époque Mme B... jouit d'une santé parfaite, et n'a pas conservé le moindre souvenir de l'état dans lequel elle s'est trouvée. (Observ. de M. le Dr Girot, de Dinan ; *la Clinique*, etc., t. III, n° 16.)

OBSERVATION XII.

Aménorrhée; accidents hystériques; mélancolie; rétablissement du flux menstruel. Guérison.

(1) «Le 4 juin 1773, je fus consulté sur la maladie de Mlle L. N..., âgée de 27 ans, qui, par l'effet d'une aménorrhée, était affligée d'abattement d'esprit, de suffocation hystérique, de trouble dans la digestion et d'insomnie; elle avait de l'éloignement pour le monde; elle était habituellement silencieuse; et s'il lui arrivait de parler, elle ne tenait que des propos bizarres et tout à fait contraires à sa manière ordinaire de discourir; elle gémissait et soupirait comme si elle avait été en proie à l'affliction la plus amère. Enfin, malgré tous les agents thérapeutiques

---

(1) Perfect, *Annales de la folie*; Londres, 5e édit.

employés, elle tomba dans une mélancolie profonde, s'accompagnant de phénomènes hystériques.

Je lui prescrivis un faible émétique antimonial, et ensuite le lait d'ammoniaque, de l'oxymel scillitique et de l'esprit de nitre dulcifié. Ce traitement n'ayant produit aucun résultat, elle fut soumise, au bout de trois semaines, à titre d'essai, à un traitement par la valériane et le fer; on n'obtint aucune amélioration. Des pédiluves chauds tous les soirs, des tisanes diurétiques et diaphorétiques, furent continuées, depuis le 5 août jusqu'au 25 du même mois. A cette époque, le flux menstruel reparut avec son abondance ordinaire : il se prolongea pendant quatre jours, comme d'habitude; tous les accidents diminuèrent à partir de ce moment; la malade parlait raisonnablement et pouvait soutenir une conversation suivie. Pendant quatre mois, son régime fut surveillé avec le plus grand soin, et depuis ce temps-là elle a continué à jouir d'une parfaite santé, sans que les accès de manie se soient renouvelés.

OBSERVATION XIII.

Suppression du flux menstruel; excitation maniaque; rétablissement de la menstruation. Guérison (1).

Mlle P. T..., âgée de 18 ans, vit ses règles se supprimer, à la suite d'une exposition au froid prolongée. Quelques accidents survinrent tout d'abord : ils furent combattus à l'aide d'émissions sanguines; mais, au bout de trois jours, le délire arriva; il changea peu à peu de forme, et la malade devint indocile, hardie, résolue; elle avait perdu toute retenue; à la moindre occasion, elle se livrait à des emportements contraires à son caractère naturel : elle riait et chantait alternativement; souvent aussi elle versait des larmes involontaires; son appétit était très-faible; les digestions difficiles; elle était très-amaigrie; elle avait de plus de l'œdème aux membres inférieurs.

Divers moyens thérapeutiques furent opposés à ces troubles de l'esprit : les sédatifs, les antiphlogistiques, les purgatifs, les ferrugineux, furent tour à tour prescrits sans succès Enfin, le 27 avril 1789, les règles reparurent. Peu de temps après, la malade recouvra visiblement la santé; elle eut bientôt quelques heures de raison, devint moins violente et moins malfaisante; la maladie continua à diminuer sensiblement. Après quatre retours successifs du flux menstruel, qui eu-

(1) Perfect, *Annales de la folie.*

rent lieu régulièrement aux époques convenables, elle fut assez bien pour être admise dans la société. Peu à peu elle reprit ses relations avec sa famille, avec le monde, et depuis lors elle n'a jamais éprouvé aucun symptôme de manie.

OBSERVATION XIV.

Affection vermineuse; aliénation mentale; expulsion des vers. Guérison (1).

3e Cas. M. G. T..., âgé de 38 ans, d'un tempérament bilieux, était affligé par intervalles de violentes douleurs dans les intestins, principalement vers le nombril; ces douleurs revenaient par paroxysmes, à peu près à la même heure; des antispasmodiques furent administrés sans succès; bientôt on s'aperçut que les idées du malade étaient vagues, confuses, incohérentes, elles se succédaient avec rapidité et sans ordre : une mélancolie hypochondriaque confirmée survint ensuite; ce malade se croyait composé de verre, et ne voulait faire aucun mouvement de peur d'être mis en pièces. Je fus consulté le 17 mai 1785; je trouvai qu'il avait peu de sommeil pendant la nuit; ses facultés intellectuelles étaient fort altérées; la mémoire était presque anéantie, etc.; il était pâle, amaigri, faible, il avait une très-grande tendance à la constipation. Il y avait dans son regard un vide et une insignifiance extraordinaires; il persistait à soutenir qu'il était de verre, et il ne voulait faire aucun mouvement.

Les pupilles étaient dilatées, l'haleine fétide, il avait souvent des éructations et une tension continuelle dans l'abdomen, ce qui me fit penser que des vers, par l'irritation qu'ils occasionnent dans les intestins, pouvaient avoir produit de la débilité dans les premières voies, et avoir été la cause primitive de la maladie. Il me fut impossible de découvrir que le malade eût jamais été tourmenté par des vers, ou qu'il en eût évacué aucun; mais, bien persuadé de la justesse de ma conjecture, je prescrivis une potion anthelminthique, et dans la soirée du quatrième jour du traitement, le malade évacua par les selles deux grands vers du genre des helminthes cylindriques; le lendemain il en évacua un troisième beaucoup plus grand que les deux premiers; comme il était certain désormais que la cause existante du délire était une affection vermineuse, et que les forces du malade permettaient d'en user ainsi, je prescrivis une dose énergique de calomel et de jalap que l'on administrait de temps en temps; la santé se rétablit entièrement, et le malade recouvra assez pleinement la raison pour être en état de vaquer à ses occupations comme de coutume.

---

(1) Perfect, *Annales de la folie.*

Je n'ai pas entendu dire qu'il ait évacué d'autres vers, et l'ex-malade est toujours demeuré, depuis, exempt de toute espèce de maladie mentale.

OBSERVATION XV.

Aliénation mentale sympathique de la présence des vers intestinaux; autopsie.

Un jeune homme de 17 ans, au milieu d'un état d'affaiblissement profond, fut pris tout à coup d'un violent accès de délire avec convulsions cloniques générales. Deux jours après son admission à l'hospice des Aliénés, il évacua trois vers ascarides lombricoïdes. M. Vermeulen saisit l'indication et recourut immédiatement aux anthelminthiques. Le premier jour, six vers ascarides sont expulsés, le deuxième jour, huit helminthes de la même espèce. Depuis ce moment le malade, de furieux qu'il était, devient doux, calme, docile, l'appétit reparaît, et l'amélioration est telle, qu'on le croit en convalescence. Le bien-être continue pendant deux mois, puis tout à coup le malade est pris d'un violent accès épileptiforme suivi de délire furieux. 2 lavements à l'asa fœtida calmèrent le malade, puis on revint à l'emploi des vermifuges; nouvelle amélioration, puis accès de fièvre intermittente, delire, troubles de la digestion. Une potion anthelminthique provoque l'expulsion de douze vers lombricoïdes; le malade est soumis pendant quelque temps à un régime tonique et à l'usage des médicaments vermifuges. On le croyait dans un état satisfaisant, lorsqu'il succomba à une hémorrhagie intestinale.

A l'autopsie, on trouva du sang coagulé dans l'estomac et de plus une vingtaine de vers dans la cavité de cet organe dont la muqueuse était ramollie, et offrait des plaques d'un rouge brun, ulcérées, mais sans perforation.

L'intestin grêle et surtout le jéjunum contenaient un grand nombre de vers. La muqueuse était ramollie sur plusieurs points, le cerveau et ses enveloppes n'offraient pas la moindre altération pathologique. (*Annales de la Société de médecine de Gand*, 1855.)

OBSERVATION XVI (1).

Lypémanie suicide; troubles dans l'appareil digestif.

M. X..., âgé de 50 ans environ, avait été pris, pendant sa jeunesse, d'un accès de manie, dont il avait été guéri par M. Esquirol après plusieurs mois de traitement.

(1) Communiquée par M. le Dr Archambault.

Il avait pu alors reprendre ses relations sociales, et en 1830, il occupait une position élevée dans la magistrature. Une certaine exaltation s'était emparée de M. X... sous l'influence des événemens politiques, lorsque bientôt après se manifestèrent des symptômes de mélancolie avec penchant au suicide. M. X... n'avait rien à envier aux heureux du monde, il avait de la fortune, une femme et des enfants qu'il aimait, et lorsqu'il cherchait à se rendre compte de ses impulsions maladives, il ne comprenait pas comment il pouvait se laisser dominer par elles. Il jouissait à peu près de la plénitude de ses facultés intellectuelles; seulement il avait perdu le sommeil, les digestions étaient pénibles et lentes. Dans cet état, le malade vint de nouveau se confier aux soins de M. Esquirol. Malgré les instances de M. X..., M. Esquirol, prenant d'ailleurs en considération la position sociale du malade, ne voulut pas le prendre chez lui, le trouvant mieux au sein de sa famille. On prit une maison de campagne aux environs de Paris, et le malade reçut les soins du savant maître et de M. le Dr Archambault.

M. X... rendait parfaitement compte de son état à ses médecins. D'un esprit élevé, il s'entretenait avec eux de questions politiques, scientifiques ou littéraires qu'il abordait avec la plus grande netteté. Si l'on faisait allusion à son délire impulsif : «Oui, disait-il, je suis bien en ce moment; je m'entretiens avec vous avec la plus grande liberté d'esprit, mais qu'un gaz se déplace dans mon abdomen, et me cause une sensation pénible, aussitôt l'idée du suicide survient, je cherche en vain à m'y soustraire, elle me domine aussi longtemps que je souffre dans l'abdomen. Je suis comme un oiseau blessé qui fatalement doit tomber à une certaine distance.» Il n'y avait chez ce malade ni conceptions délirantes ni hallucinations; ce qu'il éprouvait, c'était un irrésistible besoin de se détruire se renouvelant aussi souvent qu'une sensation particulière se développait dans le tube digestif.

Ce malheureux parvint à tromper un jour la surveillance des siens; sous l'empire de son idée, il se coupa les veines jugulaires avec de petits ciseaux de femme.

L'autopsie, faite avec le plus grand soin par MM. les Drs Archambault et Leuret, ne révéla aucune lésion appréciable soit dans le cerveau et ses membranes, soit dans les organes de la digestion. M. le Dr Leuret a cité ce fait dans l'article *Suicide* du Dict. en 15 vol.

La maladie mentale de M. X..., se renouvelant toutes les fois qu'une sensation pénible se développait dans l'abdomen, ne peut s'expliquer que par l'influence purement sympathique exercée sur l'encéphale, par un trouble momentané dans l'appareil digestif.

BIBLIOTHÈQUE IMPÉRIALE IMPR.

www.ingramcontent.com/pod-product-compliance
Ingram Content Group UK Ltd.
Pitfield, Milton Keynes, MK11 3LW, UK
UKHW021005200726
13857UKWH00004B/1274